精準提問

找到問題解方，培養創意思維、
發揮專業影響力的16個提問心法

洪震宇
著

推薦序

用提問改變教學、事業、與人生

文／王永福（《教學的技術》作者）

精準提問可以改變你的教學現場、改變你的事業、甚至改變你的人生，你相信嗎？讓我跟你分享三個親身經歷。

「教學現場是不是一定很無聊呢？」因為問了自己這個問題，我開始思考不同的教學方法。如同我在《教學的技術》裡談到的，在講述之外，不管是問答、小組討論、或是大型演講互動方法，甚至是個案討論或演練。這些教學方法背後都需要精準提問，利用問題跟學員的學習進行連結。譬如說：「簡報在職場重要嗎？為什麼？」「在簡報開始之前，聽眾心裡在想些什麼？」「簡報常見失敗的原因是什麼？」這些問題可以幫助學員自己建構有效的學習，讓老師能「說的愈少、教的愈好」。所以，用提問改變課程，這是應用精準提問的第一個場景。

精準提問也可以改變事業！在過去，講師提供課程規劃、並說服客戶接受，是一般企業培訓界的常態。但是我們的服務，是從問問題開始！我們會先詢問客戶「課程規劃的目的是什麼？」「預定上課的對象是誰？」「希望能解決哪些問題？」透過問題，我們能更了解客戶，也能提供更符合客戶需求，更有效的解決方案。客戶也覺得我們的課程規劃更專業，更與眾不同。過去十年，我們用這個方法，在企業訓練領域建立了很棒的成果，改變了我們的事業發展。這是我們應用精準提問的第二個場景。

如果你既不教學、也不需要經營事業，那精準提問還能為你做些什麼呢？也許你可以用提問來改變人生！以我自己為例，從工地主任、外商業務，走到今天的教練、講師、作家的身分。其實所有的開始，都來於我問自己的問題：「五年以後的我，會是怎麼樣的？」雖然這個問題並不容易回答，但讓我開始思索接下來的人生選擇，並促成轉換職涯的不同跑道，一路走到了今天。從一個五專生，一路從EMBA念到了博士。一個簡單又深刻的問題，卻改變了我的人生。

也許現在的你，還不曉得如何問出好問題。沒關係，這本《精準提問》就是你最好的提問教練。書上一個個實例，帶著你從提問1.0進化到提問2.0，從不同的場景切入，讓大家知道精準提問的不同應用，從中我們也看到震宇老師既博學多聞、廣讀群書，又能深入基層、接軌風土。

真心推薦這本好書，祝福你在讀後也能創造帶來改變的好問題！

推薦序

具體且落地的提問心法

文／李雪莉（《報導者》總編輯、台大新聞所兼任助理教授）

在新聞所教授「基礎採訪寫作」時，我會要求學生在期末完成一份深度報導，試著走完一趟深度寫作的旅程。

深度報導的旅程有三個重要的環節：帶著思考的研究與初訪、有結構與層次的採訪與提問、兼顧情感與邏輯的書寫。這三個環節必須徹底執行，才有機會吸引讀者進場。但如何把這些心法具體落地，與他人分享，甚至讓別人按圖索驥，一直是寫作者的挑戰。細讀震宇的《精準提問》一書，我看到了落地的可能。

在旅程的三個環節中，最困難、也最抽象的是「採訪與提問」。為什麼相較研究與書寫，提問更為困難？

一來是台灣的教育與評鑑方式，使人們擅於背誦，誤以為知道正確答案比會問問題來得重要；二來世界複雜交織，如何歸納重點，把跨界的語言化繁為簡，極為挑戰；三來，網路時代加深了人們的忙碌與不信任感，要找到合適的訪談者並且願意受訪也較以往不易。這些都讓現下的採訪，成為更難鍛鍊的技藝。

雖然國內外不乏關於寫作、深度報導的書籍，但《精準提問》一書有著作者個人的後設反思；震宇透過拆解與重組，勾勒出提問的體系，讓初學者有方向可練習，讓採訪老將讀來有恍然大悟的共鳴。

像是我們最常問記者「你這篇文章的問題意識是什麼」，震宇則用了更具體的「視野、視角、視點」座標概念來引導寫作者：文章想對什麼人說話？這群人正面對怎麼樣的難題？想要解決什麼困境，或帶來怎樣的創新？提問時要如何降低受訪者的心防，讓他知無不言，願意掏心掏肺？

我相信一個好的提問者，必定是一位腳踏實地認真生活、好奇心十足、跨域學習、仔細聆聽他者，並懂得換位思考的人；具備了這些能力，才有機會讓陌生人大開金口。這也是為什麼震宇面對老師、社工、地方風土創業家、公務員等不同身分的受訪者時，即便他不曾擔任這些工作，卻能清晰提問，比在崗位上的人問出更為關鍵的問題。

書中有段話說得相當素樸卻動人：「提問的目的不只是問問題，而是為了理解、發現、探索、學習，甚至改變他人或自己。」這句話震宇已摸索和實踐多年。對於仍在深度報導路上的我也很受益。我們常提醒自己，寫作和提問的目的，不是彰顯自己有多懂，而是帶著讀者，和那些撥出時間的受訪者，從不同的視角看見大家未曾見到的面向，若再幸運些，因關鍵提問得出的重大調查，能立即帶動具體的改變。

在訪談與寫作的路上，相信這本書能減少讀者摸索的時間與困頓。

推薦序

將提問包裝成禮物，用思考帶來改變

文／林怡辰（原斗國小資深老師）

洪震宇老師的課堂，有種魔力，根本在於「精準提問」。

我先是在一本本風格迥異、卻擲地有聲的著作裡認識震宇老師，《精準寫作》一書尤其讓我心動。為了一探究竟，深入了解震宇老師的課程核心和運作，我報名了精準寫作公開班，親臨現場卻發現：「提問」才是重點。

好文章是修出來的，但怎麼修？往哪個方向修改？怎麼引出學生心中的寶藏？在我上了震宇老師的寫作課之後，終於一窺堂奧！

震宇老師的教學風格清淡如水，沒有安排太多的活動、比賽，或是花俏吸睛的手法和遊戲，但光靠課堂上來來回回的提問就夠迷人了。一個個樸素的問題，就像黑夜裡的螢火蟲，一步步吸引著學員往前再往前，震宇老師光是要大家思考問題，就抓住了全場的注意力，引發學員的腦內風暴，一整天不斷思考，毫無冷場。是的，只有提問！

在震宇老師的一個個提問裡，你首先會心頭一暖，彷彿獲得滿滿善意，後來一驚：「這問題問得實在關鍵！」然後，你在提問之中看見問題本身的骨架，再接下來的引導問題，則是震宇老師不斷引領的方向和體貼，學員收下提問的禮物，然後不斷思考，即使不一定有答案，當場滿滿的都是能量。

這不就是老師希望學生在課堂學習的風貌嗎？震宇老師實務經驗驚人，小至國中小學生，大至高中生、教師、社會人士到老嫗等等，憑著簡單的問題，就能在講授中引發互動、思考。但「提問」是一個動態過程，從開始的信任，到問題和問題本身的連結，要創造回答和問題間的漣漪，實在不易。

但《精準提問》做到了！除了歸納提問原則和技巧，震宇老師寫出一般人容易忽略的提問細節，書中更有大量的例子和示範，不管成功還是失敗例子皆有，點點滴滴，像在眼前播放提問影片，卻隨時有教練在旁幫你加註重點、倒帶重來，再看一次不同提問的結果。

書中還介紹了五種不同領域的提問應用，包括：創業者和高階主管打造創新、中階主管帶領團隊、專業服務者和顧客對話、研究者挖掘好故事，當然，也少不了教師透過提問力帶動學生主動思考。我們學會將提問包裝成禮物，透過純然好奇建立有意義的對話，在互動中建立關係，最後用思考帶來改變。

給自己一個精準改變的機會，大力推薦：《精準提問》！

學員心得*

把問題轉換為機會，創造更好的自己

文／莊慧玲（大學行政人員）

閱讀《精準寫作》後，為了想學會書中的方法，我陸續參加洪震宇老師的寫作課，接著又上了提問課及故事課，還擔任寫作課助教與教學提問線上課助教，從不同面向角度來深化自己的學習成果。

洪老師的新作《精準提問》，內容更為簡單具體，很好理解。例如，我原本不太熟悉怎麼思考訪談大綱、教學設計及銷售專業，但是讀完老師的說明，就能了解背後的概念。書中提出的案例，也是經常會碰到的狀況；而老師示範的提問修改，也十分清楚，讓人可以練習與運用。

這本書讓我最有共鳴、亦是這一年半來具體實踐的三個功夫，包括：

*編按：洪震宇老師開設提問力課程至今已累積了二十多期公開班，並且持續受邀為企業培訓，以及到不同組織單位、學校帶領工作坊。以下是四位不同專業領域的學員，分享他們參加提問力課程的收穫，與在個人工作上的應用。（按姓氏筆畫順序排列）

（一）建立問題意識，找出難題

洪老師提到，提問要先有整體觀，扣緊「肉粽頭」難題，串起要解決的相關問題。回想首次上課，老師提問的第一個問題「你學寫作的目標是什麼」，我第一時間反應是「想教兒子寫作文。」但是經過老師追問，我才發現問題關鍵應該是「我自己不知道要怎麼寫」，如果我做不到，又如何能教別人？

找對問題，不只燃起我學習的動機，也讓我學會在生活與工作上主動思考。

（二）開啟話題，提出有效解法

洪老師獨創的「5W1H冰山模式訪談架構」，讓我們潛入人心，了解對方真正的需求。

近二年在工作上遇到許多瓶頸與挑戰，我將老師示範的提問方式，實際應用在職場上。例如主動向主管請教與提問，澄清我不太理解的任務目標，或是積極與跨部門交流想法與資訊。透過提問與討論，我得以在權衡資源與時效後，構思更好的流程做法，順利完成許多任務。

藉此，我不只提昇個人工作能力，推動與他人的合作，也發揮了個人獨特價值。

（三）保持好奇，學習突破自己

洪老師強調，提問最重要的是專心聽，讓對方願意說，透過「總結式聆聽」，在短時間內將你理解的內容，用自己的話做出摘要，重新挖掘每段對話意義。

書上形容「這是一種大腦高速運轉的心智鍛鍊過程，運用淘金思維的系統二慢想。這也是我學習提問力得到最棒的禮物：獨立思考，持續更新大腦的作業系統。

提問力讓好奇的發現者，更懂學習、更能突破現狀、創造自己的好機會。透過提問鍛練深度思考，幫助我打破認知框架，在工作與家庭生活外，開拓我有興趣的主題，讓人生的視野更寬廣。

學員心得

職人教練的深度思考課

文／鄭宏安（經營分析師）

我是一位幕僚，工作中需要分析公司營運損益與經營瓶頸，報告給各層級專業經理人，做為經營決策判斷的參考。

我需要知道：如何透過提問從執行部門取得有用情報？在訪談過程中，如何與現場單位建立信賴感，讓他們毫無保留提供更多細節？接著，又要如何梳理訊息，釐清經營瓶頸和問題根源？最後，我才能精準地為各層級主管提供有效資料。

參加洪震宇老師的「精準寫作六堂課」與「關鍵提問力」課堂學習後，我覺察自己過去的盲點，看似懂得很多速成技巧，在工作上卻無法發揮實質效果。

原來！深度思考才是源頭。

我從洪老師的教學與著作中，看見知識經由轉譯為系統性架構後，可以具體「接地氣」來改善職場上的難題。

讓知識能為吾所運用。於是我也將所學轉化為三層同心圓架構。

內圈：深度思考

透過觀點（視野、視角、視點）切換與5W1H思考方法，提問現場前先自問自答，盤點議題的情境。例如：造成專案遇到瓶頸的可能原因（why）？涉入單位權責與想法（Who）？延伸議題與交互影響？

我必須接續過濾關鍵問題，而且確定是對方有能力回答的問題。現場單位的時間同樣寶貴，因此我將單一議題的提問，數量儘量收斂三個以內。

中圈：結構拆解

老師強調「金字塔結構」概念，將其運用於收集過濾資訊，並在分類排序、歸納因果關係之中，確認各單位所提供資訊，彼此有無矛盾？或存在資訊不對稱，並透過追問釐清，消除資訊落差。

外圈：正確態度

老師不斷強調提問的「正確態度」，從貼近人性反應的角度來提問。像是在〈承轉力〉一章，就提醒與人建立對話要從「創造Like感」熱身開始。

我在每次提問時也會以「前情摘要」開頭，先描述自己對該項議題，預先做過了情報收集，避免讓對方誤會我沒做準備，也可以讓雙方快速聚焦接續的討論範圍。

每次參加老師的公開班，都覺得大腦運轉超載，彷彿跳級闖關卻敗陣而歸，思考能力得以再次紮根。洪老師這本《精準提問》一樣具備系統性架構，值得仔細閱讀並操作提問練習題。朋友！您一定會有收穫。

學員心得

專案管理的溝通利器

文／戴嘉慶（台灣科高工程（Google Taiwan Engineering）
專案工程師／行雲讀書會說書人）

提問，是需要花錢上的課程嗎？

身為一個理工科畢業的專案工程師，在手機品牌公司內負責硬體研發階段的專案管理，平時的工作就是各種跨部門的溝通與聯繫。無論是對專案經理、產品經理、各個專案窗口的任務同步，或是對生產線的領班、研發團隊的工程師、提供原物料的上游供應商、亦或是為我們執行任務的代工廠，大量的跨部門溝通成了我們的家常便飯。

我曾經以為理性客觀、單刀直入，就是提問這件事的重點。

專案管理是整合資訊、對接需求、管理追蹤執行、與各種滅火的工作。我曾經一天工作十幾個小時、也曾在夜深人靜時數過當天的工作通話，得到兩百則這個足以炫耀忙碌的數字。然而，在大量往來的互動中，各種資訊不同步、部門各自立場的利害關係、不同階段的任務重點排序，都會影響到溝通的品質，理性客觀、與單刀直入的提問，並不足以讓問題輕易迎刃而解。

其實，在理性與直觀之上，原來還有許多提問觀念與技巧，是我們所缺乏的。

在上過洪震宇老師的「精準寫作」課程後，對與眾不同的引導模式印象深刻，讓我繼續參加「關鍵提問力」課程。老師傳授的重點力、承轉力、正向提問、追問力這幾項，最讓我受用的是「承轉力」與「正向提問力」。

承轉力，是為了建立信任感與答話感。看似閒聊的Small Talk，是活絡關係的關鍵。

在大型研發專案中，每個專案總會有上百位來自各種不同部門的窗口，每一次的合作都是重新建立信任感的機會。原本不能理解為何外國PM主持的會議總是會先從Small Talk開始，常因預期外的閒話家常而容易不自在的我，透過「提問承轉力」中學到的「建立連結技巧、找出共通點、透過鏡像思考去接收對方的感受」，開始運用到工作的會議主持上，進而建立認同感，讓原本陌生的跨部門團隊成員順利地熱絡起來，營造合作的正向氛圍、凝聚共識。

正向提問力，則是為了將問題包裝成讓人願意回答的禮物。專案管理工作範疇中必備的「追蹤與確認」，使我們常常是大家不願意接電話、不想要回應的單位。每次看到來自PM的訊息都像是感覺被追殺一般，每個提問，都會帶給人壓力。在了解到「正向提問力」後，才發現將「為什麼」改為「如何」、「什麼」，將質疑對方的問題，轉化成「我可以幫助你什麼」，這些都是我們不難辦到的，也是我們一旦掌握了就能夠運用在各種場合的關鍵提問技巧。

提問的技巧，是無價的能力。我相信，在讀完這本書之後，您也能夠體會「聽」是在「提問」之前，大家都要具備的能力。

學員心得

成為擁有解決問題能力的人

文／簡芳蓉（花蓮縣瑞穗鄉公所秘書）

服務於花東縱谷最美麗的小鎮，公所是攸關民生、最基層的行政機關。身為第一線工作者，我需要將民眾的需求與首長的願景，轉化成一個個可執行的政策與計畫，並檢視流程中需要簡化或是排除的阻礙。

與在地的高齡人口不同的是，公所職員們多是年輕資淺的外地人，轉調期間一到，往往就申請商調返鄉，使得業務銜接常因承辦人員更迭，產生服務品質的落差。而公所跨課室之間的溝通，也不免存在本位主義及保守僵化心態，總像是有一層隱形的隔閡難以跨越。

二〇二一年末，公所陸續與洪老師合作辦理「風土經濟學工作坊」、「故事力工作坊」，引導公所同仁與鄉內觀光業及農業業者學習如何說故事，並透過提問，讓大家挖掘、整理被忽略的轉折點，不僅使故事更豐富，有層次及張力，也能培養問題意識，建立更好的理解與共識，規劃具商業規模的旅行經營模式。

由於提問式的工作坊互動性高，有效地刺激學員思考，於是二〇二二年初我們又舉辦「提問力工作坊」，希望提升團隊成員對外、對內、對上與對下的溝通能力。五個小時的工作坊，沒有一刻冷場，有同事說課程像是場劇烈的腦內運動，在問答中學習思考，打破心中的框架，各課室主管是每組的帶領者，學習引導大家思索、運用重點力歸納聚焦、最後試圖找尋答案。過程中洪老師運用正向提問力，示範團隊討論可以有無限可能，而且能更有效率地解決問題。

《精準提問》提供最適切的溝通方法，讓我們對外探察民意、進行政見交流，對內跨課室討論及主持會議，可以有尋找解決問題及取得共識的方式，甚至還可運用在個人生活與家庭之中，拉近彼此的距離，達成共同目標。書中「聆聽者的淘金思維」，讓我從擔任團隊領導的角度，了解「多聽少說」、「如何聽」比滔滔不絕的說更能找出關鍵訊息，運用重點力洞察問題的核心，與工作夥伴共同完成各項繁雜的工作目標。

這是一本強有力的工具書，如果你希望成為擁有解決問題能力的人，並且與周遭人的關係是互相信賴的，這本書你絕對不要錯過。

精準提問？

目錄

Part II
基礎篇
Foundations

提問前的準備，
如何設計好問題？

前言　提問力教我的三堂課

我們說的夠多了，但沒有對話。——山繆・約翰遜（Samuel Johnson）

某次我參與一場線上演講，面對一百多位想投入地方事務的青年，講授如何了解與挖掘地方特色與文化。演講結束前，我請他們在留言板寫下想問的問題，有位青年寫著：「想挖掘地方特色並做好溝通，提問力是很重要的能力，請問老師，要如何培養自己的提問力呢？」

這個提問牽涉很廣，不是三言兩語就能回答。我透過視訊鏡頭口頭回覆：「這個問題太大了，一時之間實在很難回答。我反過來請大家想一想，如何轉換這個問題的問法，讓我能在有限時間內精準回答、講出重點，也能對其他同學有幫助呢？」

大家一陣沉默。我看大家似乎卡住了，立即做了示範，讓大家理解何謂「提問力」。「如果要換個問法，讓我好回答，也對大家有幫助，你可以這麼問，『請問老師，如果要培養提問力，第一步要先學什麼？』」

我看到螢幕上好幾位學員頻頻點頭，有種豁然開朗的表情，他們領悟到新的提問方式帶來了不同效果。

要培養提問力，第一步要先學什麼？我當場沒有回答。這種轉換問題的方式，看似很簡單輕鬆，但其實我已經追索了二十多年。

從不會問問題，到成為專業提問人

我原本是一位不會問問題、甚至不敢問問題的人。

大學時我曾擔任問卷調查的工讀生，要去了解大家投資房地產的需求與經驗。我總是不好意思拿出問卷在路上攔截路人，改成到考場訪談外面陪考的家長。現場我也是急著將問題問完，不知道如何再多問問題、了解問卷以外的資料。記得無意間看到督導工讀生的主管對我的表現寫下了這個評語：「缺乏自信，不會問問題。」

到了念研究所時，其他同學的研究方法都是做田野調查，而我不習慣問人，都是透過閱讀書本、查詢資料的方式去找線索。我的論文主題也比較生硬，分析的是一九九〇年代政府開放新銀行政策，背後的政治與經濟運作過程，以及未來可能的影響。

後來論文口試委員提醒，儘管我很用功整理很多資料，進行詮釋與解讀，但是真正的答案，可能是在現場、而非資料堆中。他們建議我應該去一個地方蹲點，透過觀察與訪問，實際了解現實狀況，才能印證論文的論點。

這個建議一直放在我心中。當兵退伍前，面臨找工作的抉擇，我想起當時口試委員的建議，但要能讓我深入現場、了解真實狀況的工作，不是當國會助理，就是當記者。我認為，記者應該是一份能快速吸收與學習的工作，雖然自己不是新聞系科班出身，還是寄出了三十多份履歷希望爭取機會，最後接獲幾家媒體的面試通知，在應考後幸運地進入媒體圈。

因為我的論文主題跟金融有關，我選擇了進入門檻頗高、專業知識複雜、很少人願意經營的金融路線。寫論文跟採訪新聞是兩件事，我需要了解財務報表，認識銀行、保險、證券、基金等專業運作，甚至是企業的經營管理，加上金融有很多高深難懂的專業術語，我除了看書學習，更得請教專家，才能寫出讓讀者看得懂、也扣緊時事的新聞報導。

提問力第一課：專注聆聽

一進媒體圈，我發現記者採訪寫作的關鍵，不只是寫作，更在於最前頭的採訪能力。記者如果沒有將問題問清楚，挖掘到真相、或是產生獨特觀點，後續的寫作就會出問題。

開始媒體工作後，該有的採訪能力就是直接上戰場，在槍林彈雨中磨練。還是記者菜鳥的我，曾被受訪者在電話中調侃，你們不是像偵探一樣嗎？怎麼會來問我？我每個問題都被他嘲諷、也不正面回答，嚴重打擊我的自信。

我也曾經幾乎聽不懂受訪者在對話中提到的專業術語，為了想證明自己很專業，不敢追問、只能問很空泛的問題，導致訪談內容過於艱澀難懂，無法深入淺出地表達，被主管責備與退稿。

我最常被指出的問題，在於努力採訪很多人，引述很多人的說法，交出的文章看起來很豐富、面面俱到，卻只是點到為止，沒有深入剖析，提出自己的觀點見解。某次主管批閱我上萬字的文稿時，嚴厲斥責：「你只是在shopping（逛街瀏覽），卻沒有真正深入問題核心。」

當時我已有五年半的記者經歷，也參與不同路線領域，主管愛之深責之切的當頭棒喝，才讓我真正領悟提問力的真意。採訪不只是問問題，更需要運用思考力將問題釐清，直指問題核心；而採訪結束後不只是統整專家意見，還要提出自己的觀點，才能寫出有吸引力、且能說服讀者的文章。

我開始有意識地學習提問。我會跟著資深記者、主管一起去訪談，但學習不急著發問，而是刻意觀察他們的提問方式、表情與用語，也觀察受訪者的回答內容，找出什麼問題讓他們感興趣，記者要如何接話與回應。

我漸漸發現問題所在：我太急切發問，少了專注聆聽的態度。我觀察，好的提問者表情總是充滿專注，態度氣定神閒，不會讓受訪者有壓力，更會仔細聆聽對方的每句話，再適時提出犀利深入的關鍵問題，讓對方有機會深思，提供認真的回答。這讓我學習不要急著問問題，而是深入聆聽，去了解對方的感受與想法，才能提出更深入的問題，得到更深刻的想法與故事。

我也開始對人物特寫的報導充滿興趣。我不再只是寫議題、整理專家意見，而是對於「人」的故事、企業經營起伏，與各種歷練的喜怒哀樂充滿好奇。然而這種挖掘個人內心感受與故事的提問，比徵詢個人意見更難，因為議題屬於外在意見與看法，可以展現個人專業、不涉及個人內心情緒感受。但是要問出個人故事需要建立信任感，還有高度同理心，這就要累積更專業的提問力。

因此，我更放慢提問的速度，反思聆聽，根據互動狀況適時提問，才能挖掘感動人心的故事。

十二年的記者生涯，我領悟到提問力的第一堂課，就是認真且積極地聆聽。提問者要將注意力集中在對方身上，仔細聆聽與觀察對方的話語、表情與姿態，主動捕捉對方想傳達出來的訊息，再從訊息中找出可以對話的問題。因此，培養專注聆聽的態度，加上認真思索對方傳達的內容，重要性遠大於提問的技巧。

提問力第二課：歸零的好奇與學習態度

離開媒體工作後，我不再是個負責客觀報導的記者，又憑什麼能向他人發問？或是我該如何發問？

面對轉換跑道的新挑戰，我還是利用提問開展自己的新職涯。我以過去採訪台灣鄉鎮的資歷，受邀去各地演講，也常被各個單位徵詢意見，討論如何整合地方資源，推動在地旅行。對方會舉遭遇的各種狀況來提問，我當場反而會問他們更多問題，了解更多細節與想法，這樣我才知道如何建議，甚至是提供解決問題的具體方案。

我從提出問題的記者，慢慢轉型成解決問題的顧問專家。

記者訓練幫助我打好思考與表達的基礎。將事情的來龍去脈弄清楚，找出切入角度與觀點，再用一般人能理解的文字，簡單明瞭地交代清楚。

但是記者經歷裡並沒有解決問題的這一塊，我如何能為他人找出解方？我反思，我的建議不該只是表象意見，而是要先深入問題核心，了解真正的問題與難題，才知道可能的解決方案。

因此，我要求自己站在第一線，深入訪談與觀察，實地了解狀況，並參與規劃和執行，累積實戰經驗，才能真正有效解決問題。

這樣的角色與工作方法，來自人類學的田野調查與脈絡思考。美國知名的設計顧問公司IDEO總經理湯姆．凱利，他在《決定未來的十種人》闡述擁有創新能力的十種特質；第一種、也是最重要的角色，就是人類學家。他認為人類學家是IDEO最大的創新源頭，也就是透過實地觀察去發現問題，重新定義問題，才提出有意義、正確的解決方案。

我投身顧問的領域很廣，從餐飲到一般企業，從小農、部落、社區長輩到弱勢婦女。我日益習慣在陌生的環境中、與不同人交流；他們之中的許多人個性純樸、不擅長表達，只能在他們熟悉的場域與環境，例如田裡、海邊、廚房等各種勞動現場，以閒聊互動這種他們熟悉的方式來交談。

這跟過去記者工作要求俯瞰全局、快速採擷訊息的採訪方式不一樣。我刻意用看似笨拙、最沒效率的閒聊，去貼近現場、靠近他人感受，來重新認識這個世界。我大量地溝通和觀察，再以學習請教的心態，了解與記錄每個細節，反覆推敲背後的意義，激發出更多的聯想，轉換成為各種型態的創作，或是解決方案。

「學習心態讓人客觀思考、找出解決方法，讓彼此雙贏。持有學習心態的領導者會問真誠的問題，也就是說，他們真的不知道答案。」《你會問問題嗎？》這本書如此強調。

提問力教我的第二堂課，不在於問問題的技巧，而是放下自我中心、重新歸零的學習態度。我打開好奇心的天線，透過大量接觸自己不熟悉的人事物，以簡單日常的閒談，而非坐在辦公室正式的面對面訪談，反而能用不同的角度與觀點看事情，讓自己的大腦撞擊出創意。

提問力第三課：聚焦，化繁為簡的思考

我從提出問題的記者，轉型為解決問題的顧問、資源整合實踐者之後，近七年的我又有了新角色，成為一個在培訓課程中運用提問力的講師，甚至是台灣少數專門講授提問力的教學者。

這是一段奇特的旅程。我原本在公開班、企業內部培訓教「故事力」，教各個領域的專業工作者如何說故事，並且透過提問讓大家挖掘、整理被忽略的轉折點，讓故事更豐

富、有層次與張力。

有一次課程結束後，學員提出希望開設提問力工作坊。他們認為，我會聽出每個人不同的關鍵訊息，再提出重要問題，引導大家把故事講清楚，甚至提出新角度，讓他們反思與詮釋自己的經驗，讓故事更完整有意義。

我很意外自己竟是他人眼中很會提問的人。提問已經被我內化成一種直覺與習慣，透過學生的提問，才讓我反思，原來提問力很重要，他們更希望擁有這種能力。

我接著思考，要如何將提問力變成可以實際練習的技巧，讓我不只是一個會提問的人，還能教會別人提問？

我先由書市已有的一些探討提問主題的出版品下手。深入閱讀之後發現，大部分歐美作者的提問書，都是概念與理念居多，缺乏實作與應用；而日本作者提出的提問溝通，又太偏技巧面，缺少深度思考與整體觀。

我希望將自己過去的記者、顧問、主持經驗，搭配人類學的田野調查以及教學，整合成一門兼具實用、思考與人文素養的提問力課程，讓大家能夠把習以為常的提問，變成有步驟、可依循練習的方法。

經過兩個月的思考、沉澱與測試，我正式推出提問力主題的實作工作坊。原本只想滿足少數學員期待，推估最多只能開兩期。沒想到推出後就持續開班，目前已經累積了二十多期公開班。

延續公開班的口碑，我也受邀到不同企業與組織進行內部提問訓練，包括高科技、金融、服務業、精品、藥廠、醫療、社福、非營利基金會與學校教師。雖然主題是提問力，但是領域差異大，課程都需要從各自需求來量身定做。

在課堂上，我會不斷聆聽、提問，再整理出有意義、值得討論、需要追問和澄清的問題，不會輕易自以為了解，就放棄任何值得探索的線索。課後，同學經常都會湊上來問我：「為什麼老師你總是可以從雜亂訊息中，釐清問題，找出不同的觀點？跟你以前當記者的訓練有關嗎？」

現在的我會如此回答：記者的訓練只是一部分原因，這十多年來，我不斷參與解決各種專業領域的問題，了解不同人的想法與需求，這才是提升我提問力的關鍵。

提問力能幫助我們反思、探索、掌握事物核心。提問力教我的第三堂課，就是聚焦。這是一種簡單專注的思考與感受能力，除了專注在他人的言談舉止反應，同時要隨時切換注意力，打開探索未知世界的敏感天線。正如同賈伯斯引述達文西的名言：「簡單是最極致的複雜」，追求簡單其實最不簡單，這是一種減法的態度與能力，需要一套簡潔深度的思考方式，才能建立好的溝通技能與創新能力。

我從提問力學到的三堂課，包括專注聆聽、重新歸零的學習，以及培養聚焦的化繁為簡思考能力，這是經過時間鍾鍊與反思，扎實累積而成的態度與方法，也是我送給讀者的禮物。

這是一種迎向未來，提升思考與工作深度的能力，讓工作與人生都更有細緻的品質。

「你不需要從事精緻的工作；你需要的，是以精緻的方法做你的工作」《Deep Work深度工作力》強調。

讓我們一起與提問同行，展開這段探索未來的旅程。

PART I

觀念篇

CONCEPTS

透過提問式溝通與思考，
建立深度工作力

第一章

我們需要好溝通與好創新

——提問力為什麼愈來愈重要？

我曾長期培訓社工團體，透過研討活動提升學員的溝通、表達與創新思考。某場工作坊上，一位學員提到，社工經常面對各種溝通問題，包括對主管溝通（垂直）、以及跨局處溝通（水平），還有對受助者和受助者家屬溝通，此外還有個人學習、壓力調適的自我對話。但是過去的社工專業沒有培養這樣的能力，身處各種壓力之下，社工人員常常會身心俱疲、工作品質不佳。

每個職場工作者都會遭遇類似的問題。大量的溝通對話是我們的生活與工作所需，但是我們的傳統教育不鼓勵學生提問，只要求記住答案；職場上則要求員工能夠解決問題，卻不要求、也不鼓勵我們質疑問題，或是提出問題。

我們為了增加工作上的影響力與說服力，不斷進修說話表達的技巧，舉凡簡報、演講、影音製作到寫作技巧，都是為了加強自我表達。但如果不了解溝通對象的需求與感受，這種表達只是丟球，不關心對方能否接住、甚至能否回傳。

這樣的結果只有「溝」，卻沒有「通」，溝通效益很低。《如何說，如何聽》這本書就指出，我們的聆聽能力，尤其是積極主動聆聽的態度與能力不足。

比方我曾帶領高科技公司為高階主管安排的「邏輯思考與精準寫作」培訓課，目的是提升雙向溝通的能力。他們希望工程師在對主管提供書面文件或報告時，能說出重點，不要一直迂迴；中階主管要具備的能力，則是能夠引導工程師思考與表達，也能了解高階主管、執行長的需求，精準傳達重點；高階經理則需要能對外溝通，了解顧客需求，有效傳達。

大家有沒有注意到，以上的需求都是要能「說重點」。我認為「說重點」只是結果，過程卻需要有效溝通與對話。中階主管的任務是承上啟下，既要引導工程師思考，才能精準表達，又要了解高階主管需求與意涵，才能有效解決問題，繼而傳達重點；經理人則是需要先了解顧客需求，才知道該如何滿足期待。

有品質的對話來自雙向的互動交流，而非單向表達。一場對話的主要元素在於提問、聆聽，最後才是表達。聆聽來自於提問帶來的互動，透過探詢、確認與感受，才能聽出言外之意，或是話中之話，找出深入對話的關鍵問題，進行更有效的交流。因此，提問、聆聽與表達，三者是環環相扣的溝通循環過程。

溝通實在很難。因為這是雙向、多向的互動，如果人人都有話要說，急切地傳達自己的專業、評語、故事、情緒與感受，卻不在乎他人感受與需求，就很像電影裡的殭屍，聞到血味就往前狂奔，見活人就咬，不然就是一大群殭屍在一個地方來回遊蕩，彼此沒有任何連結。

溝通其實也不難。有效的溝通在於充滿好奇心，以及良好的互動，彼此有提問、聆聽與回應，了解他人情緒、表情、肢體語言，以及言外之意，有來有往，就能建立更好的對話與交流。

良好溝通除了達到相互理解之外，更在於了解需求、解決問題、甚至突破框架，帶來創新。但如果溝通不良、或是沒有找到對的方向，就讓我們花很多時間與力氣去解決表面問題，卻忽略真正的深層問題與需求，導致問題一再重複，浪費時間、人力與資源。

提問力是種創新應變力

我以身心障礙社福組織創新企劃工作坊的學員需求為例。現在各地社福組織都有成立年滿十五歲以上身心障礙人士的小作所、庇護工場，希望培養他們自立，日後有機會進入職場就業。這類工場的技術門檻不會太高，才方便孩子操作，但無形中這些單位都只能賣月餅、餅乾或糕點，彼此互相模仿與競爭，甚至也與其他商家競爭，大部分的社福組織都希望跳脫這種制式、競爭過度的產品形式。

有一組社福組織傾聽孩子們想當畫家的需求，希望開設一家店面來販售孩子的畫作。他們找到展售空間，正在募款與規劃，希望透過創新企劃的能力來提升畫作銷售業績。

我詢問組員畫作怎麼展示與銷售？他們說就像巷子裡的柑仔店一樣，孩子每天輪班來賣畫。我接著問畫作內容是什麼風格？「抽象畫。」那買畫者的需求會是什麼？他們不假思索地回答：「支持身心障礙的孩子。」我再問：「一幅畫作要賣多少錢？」他們說：「三百元。」

我嚇一跳，以為少一個零。我解釋，從買畫者角度，三百元是沒有價值的內容，只會買一次，不會有任何感受，也很難珍惜。如果設定一幅畫三千元、甚至上萬元的價格，增加組織收入、也能鼓勵孩子創作，就不是柑仔店等級的陳列，而是需要詮釋畫作的內涵與意義。

我提出一個問題引導他們思考。有沒有可能，透過策展的概念，我們將空間佈置的很有意境氛圍，然後引導小畫家簡單說明他的想法，社福組織也能說明小畫家的故事，傳達他的個性、特質與努力，藉此打動買畫者的情感，並能珍惜這些作品，也能帶來好的收入，建立正向循環。

這個問題激發組員產生新的想法。他們回應，平常只急著把產品賣出去，因為怕沒人買，以為愈低價愈好，結果卡在自己的專業框架中，忽略其他人的感受與需求。

因此，良好的溝通與對話，也是一種創新。我透過提問、聆聽、回應，讓社福人員在互動過程中找出問題背後的真正問題，提出一個不同的創新思維與解決方案。如果社福組織能跳脫本位思考，走出自己的專業領域，去跟更多人互動對話，就能刺激更多想法，走出低價、模仿的競爭型態。

跨領域的整合與溝通能力

不只是社福組織遇到大環境轉變帶來的挑戰，各專業領域的工作者也遭遇各種衝擊。學者史諾頓（Dave Snowden）在《哈佛商業評論》提出「庫尼文架構」（Cynefin framework，Cynefin是威爾斯語，指的是環境與經驗中的許多因素，會以我們無法理解的方式來影響），這個架構幫助高階主管因勢制宜，從新觀點看事情，吸收複雜的概念，做出適當決策，才能有效處理實際發生的問題和機會。

這個架構依因果關係的性質分成五種類型：簡單、繁雜、錯綜複雜、混亂與失序。

前四種情況下，領導人必須判斷情勢，然後根據情勢採取行動。如果情勢看起來都不屬於那四種情況，就歸類為第五種類型，也就是失序（類似「黑天鵝效應」，是那些不可能發生、卻實際發生的事件，對世界帶來嚴重衝擊，例如疫情帶來的破壞影響）。

例如社福領域的小作所、庇護工場為了在競爭激烈的市場中持續經營，他們的挑戰就超過原本的社福專長，必須了解行銷經營、包裝設計、市場趨勢，消費者需求、策展與說故事能力。

對於企業來說，更是需要面對沒有清楚的因果關係，不斷地變化、沒有固定模式的經營環境。比方這次的疫情為許多商業領域的公司帶來空前挑戰，破壞既有的思考與習慣，專業工作者必須根據變化，重新適應與迅速調整。

過去我們的教育跟專業訓練，都是利用既有的知識來解決問題，有如拼樂高積木，有具體的指令與步驟。但是在全球化、網路科技，以及眾多意外變化的衝擊下，若我們無法突破既有作法，就等於用昨天的答案面對明天的問題，反而會製造更多問題。

這是鉅變時代的大挑戰。挑戰在於，我們從標準答案走向沒有標準答案，從標準問題走向沒有標準問題。因為沒有標準問題、沒有標準答案可以依循，我們要如何保持一種創新應變能力，才能去適應未來，甚至找到向未來提案的能力。

要提升創新應變能力，就需要提問力的協助。提問力是找尋未來、了解溝通對象的一把探照燈：它能讓我們問出更好的問題，進行更深入的跨領域溝通、更開放的探索，培養更彈性的思維和重組新專業，才能創造更好的創新。

疫情下更需要提問式溝通

此外，在數位科技快速發展與疫情影響下，即使疫情已經趨緩，但是保持社交距離，工作、會議與學習的遠端視訊，也成為日常的一部分。當溝通環境發生改變，此時更需要精準的溝通，才能打破距離的阻礙、克服無法面對面溝通的問題。

「數位生活的一大問題，就是訊息發出之後經過對方詮釋，本意就走樣了。」《反叛，改變世界的力量》作者亞當．格蘭特（Adam Grant）指出核心。

以社福團體來說，原本的受助者訪視，疫情下多半只能靠線上溝通。但是受助者都偏向弱勢，溝通表達能力原本就有限，甚至缺乏數位工具，如何引導他們正向思考、表達，整理既有經驗，賦予新的意義，或是找到真正問題，都是一大挑戰。

對企業主管來說，視訊會議不只是報告了解狀況，更是建立共識的管道。主管必須身兼主持人工作，如何在有限時間內有效引導思考與討論，了解部屬的工作狀況與需求，並做出具體結論與行動方案，也是保持社交距離下要克服的障礙。

業務與銷售人員對於客戶的數位溝通挑戰更大。因為距離的限制，業務人員無法感受對方的肢體語言和語氣，除了跟客戶簡單的寒暄熱絡，如何精準了解他們的痛點，以及潛在的需求，進而去傳達自己的產品與服務特色，都受到很大限制。

在教育界，學校老師也忙著現學現賣線上課程，不只搞得自己人仰馬翻，軟體操作困難，更難為的是遠端的學生沒開鏡頭、沒有反應，不知道他們在想什麼，是否偷玩社交軟體？

種種挑戰，都不是憑著好口才、精美的簡報，或是透過渲染性的文字、影音、圖片所能克服的。因為對話就跟打桌球一樣，需要有來有往，彼此能調整節奏與位置，而非發出難以招架的球路，造成頻頻撿球的狀態。

以上的難題，關鍵還是回到提問式的溝通。如何透過提問來引導、了解對方回應，聆聽可能的關鍵字線索，進而推敲對方狀況，再以精確的提問互動，建立信任感，建立好對話。

然而，疫情總會過去，我們終究會回到實體面對面的溝通。我們必然更珍惜面對面的談話，期待更深度的溝通與對話；我們追求的不再是單向的口語表達，還要積極培養提問與聆聽能力，建立信任感，進而了解問題與需求。提問力正是我們在當下這個轉型時刻必須培養的能力。

激發多元觀點，促進更多溝通與理解

然而，在數位科技的影響下，我們必須警覺社交媒體的同溫層化。由於我們接受到的，都是單面的、經過判斷詮釋的，甚至是狹隘的資訊與觀點，我們容易缺乏整體理解，無法培養多元觀點。

跳脫自己習慣的同溫層，多參與不同類型、專業與組織團體的活動，訪談，可以激發你更多觀點，產生更多創意。「提出新鮮的問題會激發對方思索、探詢、研究。」《你會問問題嗎？》指出，收集新觀點是提問法最重要的用途之一，用提問鼓勵員工從不同觀點看事情：「如果你問了有深度的問題……就會得到有深度的答案。如果問的是膚淺的問題，就會得到膚淺的答案；而如果你不問任何問題，那你也得不到任何答案。」

運用提問力、甚至類似人類學貼近現場的田野調查能力，找出我們身處的環境中需要被關心重視的對象、組織、社區或村落，進行各種觀察與訪談，收集更多故事與資料，進行歸納、詮釋，再透過書寫、影音、圖片來呈現。

我在故事力、提問力與寫作力的工作坊，都會讓學員在課堂上練習訪談組員，有了基本的提問、聆聽與回應的能力，再進行課後練習，訪談同事、朋友，或是他們感到有趣的人事物，透過訪談寫下故事。

有一位快退休的學員大姐，每天上下班都會經過一個捷運站，因為上班族多，這裡有好幾個早餐車做生意。有一天她聽到一個嘹亮精神、有禮貌的渾厚男聲招呼著過往人群，是一個早餐車新面孔，她對這個年輕人有好印象，但每天總是匆匆而過。後來她發現這個年輕人的生意很好，也好奇買了杯豆漿、有了初步交流，也常常光顧他的早餐。

因為要寫採訪作業，她就決定提早出門，訪談這位早餐車青年。才知道他在書局擔任採購經理，書店生意不好、被迫結束營業，他轉去物流工作，後來與朋友合夥從事餐廳業。因為疫情衝擊餐廳生意，他決定利用清晨中央廚房空檔準備一些簡單早餐去販賣，希望增加收入，也幫餐廳打廣告。

因為疫情回穩，他打算結束早餐車生意，專心從事餐廳工作。但這一年的早餐車經驗讓他體會到人生百態，但只要自己穿著整齊，維持餐車的整潔，不卑不亢保持禮貌，自己不要看輕自己，別人自然看待你不同。

這個訪談經驗帶給學員很深的感觸。她認為人生並不是都可以站在浪頭上，不夠強大時，要學會暫時忍耐，適時蹲下，遇到機會時才能跳得更高。她也發現以往對許多人事物都漠不關心，只在意自己的工作，透過訪談練習，現在反而會聆聽他人的感受，增加好奇心，工作上的溝通也變得很順暢，思考也更清晰。

溝通原本就是不確定的事情，也因為如此，才會激發各種可能性。在這個變化快速、沒有標準答案、更沒有標準問題的時代，如何問出更好的問題，促進更好的溝通，創造更好的創新，都是我們的挑戰，更是機會。

提問練習

我想了解各位讀者想學習提問力的出發點是什麼，包括閱讀這本書的動機與原因，或希望提升提問力來達成什麼目標？以下的問題，也是幫助你思考自己的動機與需求，更能有效活用這本書。

問題1：請問你閱讀這本書的動機是什麼？

問題2：在工作或生活上，遇到什麼挑戰，需要藉由提問力來克服這些挑戰？

問題3：閱讀完這一章之後，你有什麼收穫或啟發？

第二章

提問力不只是會問問題

——優質對話（AAAR）四循環

許多書籍、名人都提到問問題的重要性。知名記者與作家湯瑪斯．佛里曼（Thomas Friedman）在《謝謝你遲到了》說：「在二十一世紀，真正的聰明才智不是知道所有的答案，而是提出正確的問題。」

《大哉問時代》提到，許多商業人士都意識到，提問與創新之間，存在著某種連結，他們深知成功的產品、企業甚至產業，通常都從「一個問題」開始。

我們都知道問問題很重要，更需要提出正確的問題。但我們第一個會面臨的問題是，什麼是正確的問題？第二個問題是，要如何提出正確的問題？大部分的人對以上都無法說清楚，提問主題的商管書說明的也很模糊。

本書第二部與第三部主題，就要討論什麼是正確的問題、要練習問什麼問題（What），以及要如何問出好問題（How）。然而，提問之前必須具備的態度與能力，往往比提問的技術還重要。好的創新並不是從「一個問題」開始，而是很多問題探索中，找出關鍵的問題，才能連結到創新。

用提問連結創新

我曾經遇到一個工作上的挑戰，知名的緩慢金瓜石民宿邀請我設計屬於金瓜石風土特色的新菜單。金瓜石與知名的九份只隔一座山，雖然都在瑞芳，金瓜石卻相對安靜低調、往日的生活痕跡幾乎都消失了，必須深入挖掘人文風土背後的脈絡，才能找到金瓜石的特色。

當時民宿主管到處詢問，卻找不到太多與地方連結的故事與亮點，導致菜單內容不易更新。我也沒有什麼想法，就是四處訪談，有次拜訪金瓜石的退休老礦工，聊聊以前的生活與工作。看到狹小的客廳角落，擺放阿伯在日本時代保留的幾個金塊。我好奇問他一個問題：「當年當金礦工人時，曾經有想過將金塊私藏帶走呢？」

阿伯笑著說，「怎麼會不想？大家都想夾帶。」

我很好奇：「有特別的方法可以躲過日本人的嚴格搜身嗎？」

阿伯神祕一笑，講了一個故事。由於每天下班時，日本人都會嚴格搜身，有人就用糯米紙包住金塊吞下肚，藉以躲避檢查，大家見此就如法炮製，每天都帶一點金塊離開，然而因為產量跟往常相比會有落差，日本人開始警覺有異，有一次把礦工都關在房間，有人要上廁所就一個一個帶開，最後還是被查獲了。

這個故事啟發了我。我請民宿主廚用蝦子做成蝦球，炸過之後，外面包上以澱粉製成、透明可食用的糯米紙，如此做法還會增添一種獨特的脆感。這也呈現了當年的礦業面貌。

我也請問阿伯當時在礦坑裡，午餐都吃些什麼？老礦工說他們都用水泥袋裝著飯糰，帶進礦坑。我追問：「飯糰包什麼呢？」阿伯說，只有豬後頸肉跟蘿蔔乾。我很驚訝，因為豬後頸肉應該不便宜啊。阿伯笑著說，當時大家喜歡吃五花肉，沒人吃太有嚼勁的後頸肉，所以價格很低。

為了重現當時的飯糰滋味，我請主廚設計包著豬後頸肉跟蘿蔔乾的飯糰，米飯則加入南瓜調成金黃色，因為金瓜石地名的由來，就是因為形狀長得像南瓜，只是後來山頭被劏平。我就將這道料理就取名為「黃金飯糰」，成為民宿晚餐的飯食。

我與礦工阿伯閒聊時，聊起當年都吃什麼早餐？他搖搖頭，窮人常挨餓，哪有早餐可吃？最多吃蕃薯籤。

這個話題看似結束了，我突然想起一個問題：「礦工沒早餐吃，那麼礦場的日本長官都吃些什麼？」

阿伯突然陷入沉思，緩緩地說：「唉，長官每天早上都吃烤鯖魚，配上一片黃色醃蘿蔔。我們都非常羨慕，現在想起來還會流口水呢。」

我們就把阿伯的懷念化作早餐的食材。民宿早餐是「朝食九格」，用九宮格裝上九道在地小菜，包括魚鬆、海菜炒蛋、當令蔬菜、宜蘭老祖母手工釀製的豆腐乳、來自南方澳的烤鯖魚，當然還放上一片黃色醃蘿蔔，再搭配南瓜稀飯。

跟我一同訪談礦工阿伯的民宿店長忍不住說，「洪老師，平常我們也會找阿伯聊天，怎麼你就可以問出這些東西？」其實我都是透過聊天、以及幾個不經意的問題，去深入了解一個人的日常生活，挖掘出許多生活細節與場景，最後從這些內容找出構成故事與創新的元素，再轉換重組成讓現代人能夠體驗感受的餐桌內容。

好的提問者，不是只會問問題，而是促成互相理解的對話，刺激更多想法，帶來更多超出預期的內容，如果提問像聊天自然、但是又有豐富收穫與成長，那就是讓提問消弭於

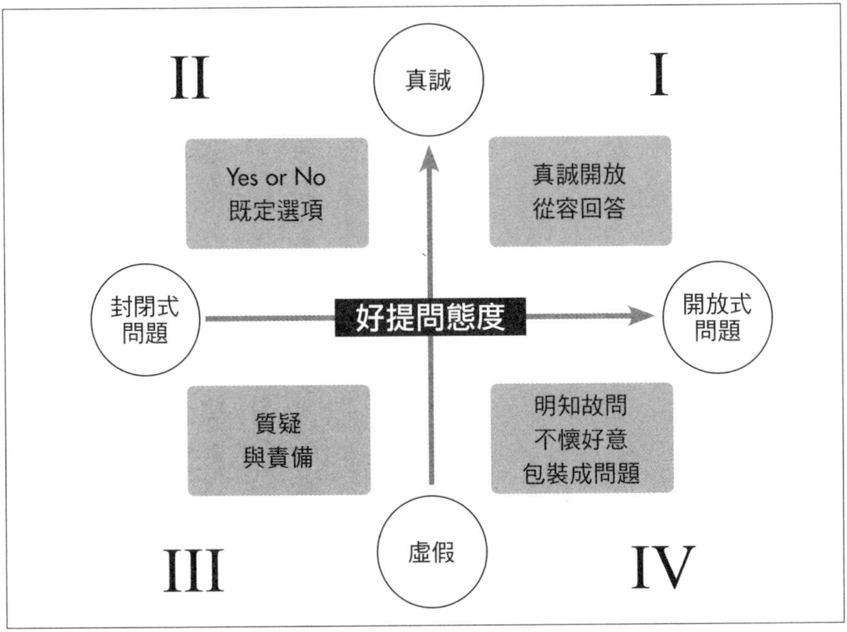

圖2-1：好提問態度四象限

無形，更是最好的溝通。

好提問態度四象限

我常形容自己是個專業聊天者。我不擅長打屁胡扯，而是讓提問像聊天般自然，這需要先擁有一種好的提問態度，才能透過提問的技巧讓對話更深入。

好提問態度四象限（參考圖2-1），是思考什麼才是讓人願意回答的問題方向。提問分成開放式與封閉式，封閉式就是給對方「是」或「不是」的是非題，或是三、四種選項的選擇題，讓對方是在既有框架下做選擇。開放式提問則是沒有限制，讓對方能夠暢所欲言。

封閉式因為已經有了限制，等於預設好可能的答案，反而侷限想法。除非是已經進入很深入的討論交流，最後根據狀況提出封閉式問題，讓提問更聚焦。但是通常封閉式問題在一開始已經預設想法、限制可能性，並不是好的提問態度，比較像上對下、老師對學生、家長對孩子等權威式提問，並沒有太好的對話效果。

另一個提問態度分成真誠與虛假兩端。真誠的提問態度是希望達到深入理解，讓對方可以從容回答，虛假的提問態度則是明知故問，或是具有惡意、已經預設答案，只是藉由提問來羞辱、或是挑起負面情緒。

第一象限的提問態度，在於真誠開放的提問，希望能到更多想法與內容，這是最好的提問態度。第二象限則是在選項限制下、希望知道對方的想法，但是效果往往不高。第三象限只是用封閉式問題來質疑、羞辱或責備對方，根本不是在提問，需要避免這種的態度，以免製造更多對立與衝突。比方「你知道你是一個失敗的人嗎？你的未來不是當流氓，就是當乞丐。」第四象限是看似開放式提問，態度並不真誠，例如「你知道明天要做什麼嗎？你該不是不知道未來要做什麼工作吧？你告訴我，上次我講過哪些重要的事？」

AAAR對話四循環

除了要先具備真誠開放的提問態度，很多人常忽略聆聽的部分，以為提問力就是很會問問題，其實不然。光會提問，不能聆聽，只想問下一個問題，或急著表達意見想法，把話題攬在自己身上，反而沒有更好的對話。

好提問是一組溝通的循環（參考圖2-2）：先透過提問（Ask），讓對方思考與回答；接著是積極聆聽（Active listen），了解內容與重點；再來透過覺察（Awareness）去感受當下情境、對方表情與肢體語言，設身處地的理解；最後才運用回應（Response）進行適切的回應。

提問者不只是要會問問題，更能夠專注在對方身上，進行積極聆聽，而非被動消極聆聽。接下來的積極聆聽，意思是主動探求理解話語中的意思、有沒有關鍵字，他想說什麼？有什麼沒說、想說卻說不出來的意思，或是欲言又止，話中有話。

我們需要全神貫注、專心聆聽，當你表現出專注與傾聽的樣子，對方會感受到你的認真投入，自然更願意說話了。

覺察，是在一個情境下呈現的表情與肢體語言。我們經常以為聽完就要馬上回應，其實在聆聽的同時，也在感受對方的神情、姿態、語氣、語調，我們透過肢體語言，往往更能感受話語的氛圍與意涵。透過聆聽與覺察的感受，我們才能進一步理解他話語的意涵，有什麼沒說清楚的，或是他很在意什麼，我們就能透過回應去增加對話的內容與深度。

回應，則是設身處地理解與適切回應。我們需要先有同理心去理解他人的想法與感受，才能根據情境脈絡給予適切的回應，一個是鼓勵性或支持性話語，一個是延續這個話題的問題，或是提出對方感興趣、擅長的話題，讓話題能繼續延續下去。

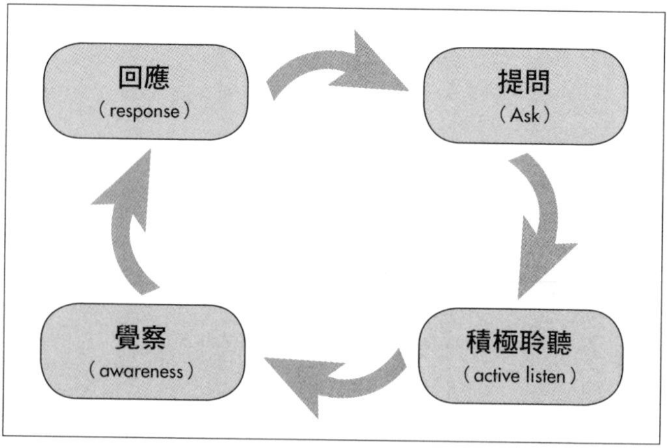

圖2-2：AAAR對話四循環

我觀察，很多人在互動時都會運用轉移性回應，把焦點從對方轉到自己身上，而不是針對他人的內容去回應，像個扒手小偷，偷走了別人原本的話題。其實不少人都會犯這個毛病，很少是為了理解他人而聽，而是已有預設答案，為了回答而回答、為了回答而聽，而不是為了理解而聽。

好問題就是好話題。因此，我們需要培養對人事物的好奇心，才會產生想提問的內容，透過真誠開放的提問態度、以及AAAR溝通對話的循環，才能讓對話生動、深入且有趣，建立一個互相交流、有所收穫的內容。

《好問》這本書的作者是前聯邦和州檢察官特雷．高迪（Trey Gowdy），他曾擔任四屆美國眾議會的議員。他認為：「最有說服力的人傾聽跟講話一樣多；最有說服力的人，問的問題與回答的問題一樣多。」

比方我與老礦工交流，透過熱身、建立彼此的信任感，將話題聚焦到當年的礦工工作與生活。我透過提問、積極聆聽、覺察他的表情與感受，再給予正向回應，整理談話重點，跟他確認內容之後，完成AAAR循環。這個過程讓他無礙地說出各種經驗或想法，反而沒有壓力與緊張，接著再順著話題提問，進入另一次的AAAR循環。

提問像雙方一起互動織布的過程。如果只是一問一答，我們很難將老礦工的經驗化成一道道餐桌料理。必須透過真誠開放的交談，讓老礦工回顧當年，將他過去散亂的生活經驗碎片，找出重點精華，重新編織融合成完整布料，並賦予新的意義。接著，我再思考這些故事如何轉變成一道道餐桌料理，讓旅人可以透過每道餐食故事，去認識當時的金瓜石生活。

「只有靠高度專注，才能嫻熟一種困難的技藝，或解決一個艱深的問題。」《經濟學人》寫著。

讓我們運用專注力與開放的態度，活用提問力這個解決難題、有效溝通的技藝。

提問練習

問題1：讀完這一章提到的優質對話四循環AAAR，請問你最需要加強哪個部分，並說明原因。

問題2：如果今天是你訪談金瓜石的老礦工，你最想問什麼問題，請說明你想問這個問題的原因，或是你關心什麼？

問題3：承接上一題，以及練習應用第一象限真誠開放的提問，請你列出兩到三個想問老礦工的問題，嘗試開啟好對話。

PART II

基礎篇

FOUNDATIONS

提問前的準備，
如何設計好問題

第三章

你的問題是什麼？

——認識問題意識的概念，開始建立你的問題意識

我曾經接到一個訪談邀約。這是一位在職進修的澎湖高中老師，為了撰寫碩士論文，必須訪談來澎湖觀光的消費者，由於疫情的影響，澎湖幾乎沒有觀光客，指導教授建議他改以電話訪談「地方創生」專家。經過推薦，這位研究生希望訪談我，我請他先給我訪談大綱，才能做好受訪準備。

我收到訪談大綱、細看內容後，卻不知該如何回答。為什麼呢？接下來就請大家一起思考訪綱上的這七個問題：

訪綱1.0版

❶ 請問您對「海洋文化」的認知？
❷ 您透過「海洋文化」來推動「地方創生」的看法？
❸ 您對青年返鄉（澎湖）從事海洋事業的看法？
❹ 您認為如何吸引青年返鄉從事海洋文化創生工作？
❺ 魚乾、海菜產業是否能代表「海洋文化」成為創生之在地產業？
❻ 若可行，其發展策略為何？
❼ 成為調味粉之可行性及發展策略？

我由這七個問題，猜測他關心的主題，可能是想找到澎湖的海洋文化內涵，並透過青年返鄉創業來帶動地方創生，但是他的提問過於空泛，讓人難以聚焦回答。請大家看看我提出的疑問：

解析

❶ 什麼是「海洋文化」？由於沒有定義與前提，會泛泛而論，造成不易對話。因為台灣海峽這端的台灣西部海洋文化，就跟台灣東部的太平洋文化截然不同，北台灣與南台灣的海洋文化也不一樣，很難一概而論。

❷ 從「海洋文化」突然跳到「地方創生」，彼此的關聯不清楚，第一題已讓受訪者有認知不清的問題，第二題更廣泛，更難有清楚的看法。

❸ 海洋事業又是一個大問題，什麼是「海洋事業」，需要舉例說明。例如是養殖、娛樂？生鮮物流、電商？還是具有澎湖海洋文化特色的創生事業？

❹ 此題又多了「海洋文化創生」的名詞，就更需要說清楚意涵為何？否則又容易產生誤解，甚至應該先問海洋文化創生要帶來什麼改變，接著為什麼青年需要返鄉從事海洋文化創生？這跟既有的觀光產業有何差異？才能導入這個提問。

❺ 從一個很廣泛宏觀的海洋文化創生，突然進入非常具體的魚乾與海菜產業，但是受訪者可能不知道這是什麼產業，有何獨特性，就要馬上回答是或否，具有難度。

❻ 發展策略也是一個大問題，這個問題是對在地產業？是從事B2B或B2C？供

應商、品牌商還是加工廠？因為前面五個問題都不容易回答，切入這個問題就更難回答了。

❼ 這個問題比魚乾、海菜產業更細，是什麼調味粉？要用在哪裡？沒有說明狀況，更不知如何回答。

以上是我用反問的方式來回應提問者，嘗試把每個問題再聚焦清楚一點，請他先把問題描述清楚，這樣他才知道問題的重點是什麼。

我們如果不理解問題，就無法回答問題。我在提問課上，擔任企業顧問，以及跟不同人訪談時，經常會用反問的方式，協助他人重新整理問題，達到有效溝通的目標。

但是大多數的人面對空泛的提問，不是實問虛答，就是答非所問，或是答不出來。

問題、難題、問題意識

我推敲這位研究生接到老師建議的論文題目後，沒有進行深度思索，只是照著題目進行。然而，如果沒有一個「問題意識」幫忙提綱挈領，每個問題就會過於發散，甚至連提問者自己都不太清楚問題的焦點何在。

「問題意識」（Problematic）這個名詞經常出現在研究論文上，每個指導教授都會問研究者：「你的問題意識是什麼？」但問題意識不光是學術研究、哲學思辨獨有，研究各種社會現象議題，或是寫作、寫報告、開會、探索與發展各種創意方案，甚至是教學活動，與深度了解他人，我認為都需要具備問題意識，才能讓後續的提問更深入完整。

問題意識就是要先問自己「為什麼」。為什麼這個問題很重要？我們需要有一個清楚的問題前提、源頭、立基點，或是出發點，將想探索、解決的主要問題設定好，後續的問題才能扣緊這個出發點，往下延伸開展相關問題。

有了好的問題意識，才能找到對的問題，讓後續的

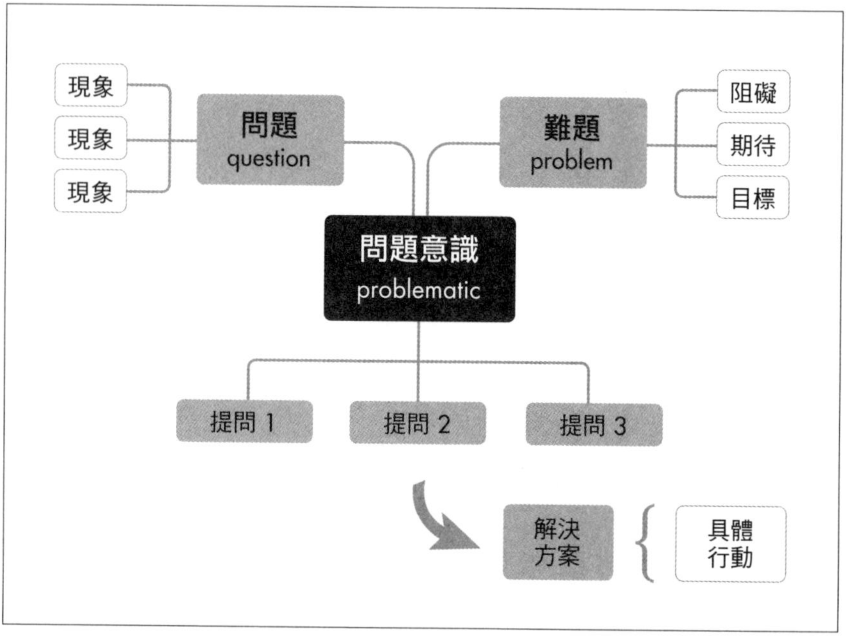

圖3-1：問題意識、難題、問題的關係

提問聚焦且有效。

深究問題意識之前，我們先要區分兩種不同的問題意涵。一個是難題（problem），另一個是日常應用的問題（question）。難題的出現，是我們對某一個現象、行為舉動、事件，設定了目標或是懷有期望，但是遇上了阻礙挑戰，就變成不易解決的難題。

因為進展不順，我們需要解決方案（solution）來因應難題；此時就有一系列需要深入思考、探討與提問的問題，這些令人想知道、了解的問題，就需要有解答（answer）。

比方午餐要吃什麼？這就屬於問題。但如果我們沒帶錢、或是想吃的餐廳距離太遠、甚至需要十人才能預定，卻還是想吃那家餐廳，這時就出現需要解決的難題。

要解決各種不易解決的難題，就會出現一個問題意識，為了達到特定的目標，需要進行各種方案的思考與探問。

因此，問題意識屬於提問系統的頂層與源頭。就像是串起一大串肉粽的肉粽頭，問題找對了，就能牽引出一連串相關問題，繼而找到對的答案，有效解決問題。（參考圖3-1）

要建立問題意識，就需要先界定最重要的問題，探究問題背後的問題，先有整體觀，才能由上而下帶起後續較細密的提問。

問題意識來自主動思考

問題意識來自於有意識地思考問題。許多人可能從未想過自己表達時的「問題意識」是什麼，因為過往的教育都是給既定的問題，也有標準答案，在過程中並不太需要探索與提問。這也造成大部分的人不敢問問題、沒有任何問題，甚至不會問問題。

設定問題與提問能力的關鍵，並不是提問技巧，而是問題意識。而一般人問題意識不足的原因，在於缺乏深度思考的能力。

問題意識不足，就會發生本章開頭舉例的訪綱，其中海洋文化、地方創生、海洋事業等關鍵字齊飛，卻把表面的現象跟問題弄混。提問者若想找出澎湖的海洋文化、地方創生與青年返鄉等主題的問題意識，就必須弄清楚澎湖目前的觀光與產業發展的現象是什麼，賦予現象意義，繼而思索這個現象會引發什麼問題。

比方說澎湖觀光是否都過度集中在夏天，而且都是遊覽風景，沒有放入更多澎湖在地文化的內涵，造成觀光客只來澎湖玩水、看風景、拍照打卡，對於澎湖的印象不夠深入，導致觀光過度淺層的「現象」，這個現象是否造成澎湖旅遊餐飲業都是低價，使得產業發展過於狹小且單一？

如果這是一個有待解決的難題，就要再去思考，要如何擴大澎湖的經濟產業鏈？研究者必須對這個現象有深入的認識與思考，找到現象（澎湖觀光事業太淺碟與單一化，加上人潮過多且集中在夏季，旅行沒品質、產業發展不均衡）與期待（具有澎湖在地特色、能永續經營的事業）之間的落差，才能夠產生一連串的問題；當研究者有意識地聚焦問題之後，就能成為有待解決的難題。如果這是目前澎湖遇到產業無法多樣化與升級的難題，就成為本研究的問題意識。（參考圖3-2）

目前構思中的地方創生，也就是在這個問題意識引導下，提出的解決方案之一。研究者要去思考，在產業失衡的現況中，如何讓更多澎湖青年返鄉創業，透過發展深度體驗的風土經濟，來凸顯澎湖的生活、生產與

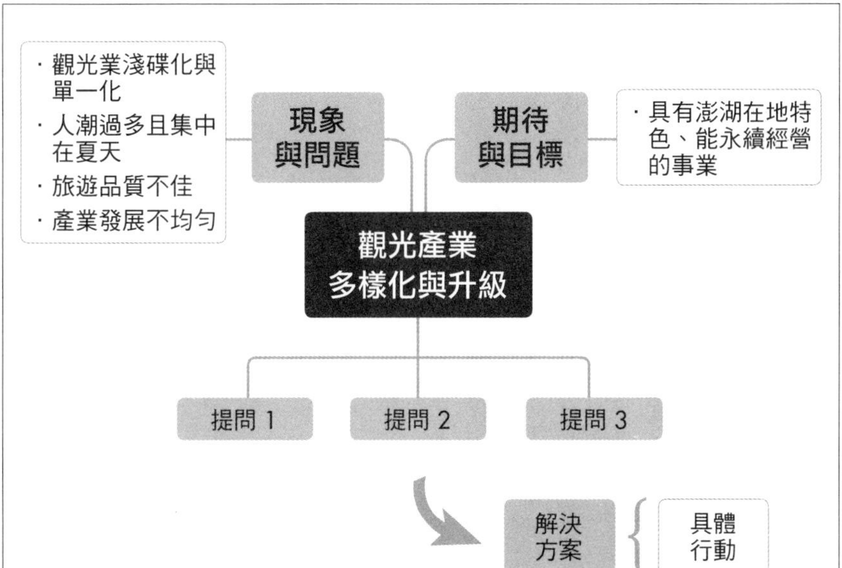

圖3-2：問題意識、難題、問題的關係（以澎湖觀光為例）

生態的風土人文特色。

在這個問題意識之下，研究者就能開展更清楚的提問內容，來請教各方專家意見，研擬更具體可行的方案，嘗試解決上述澎湖觀光產業的難題。

好的問題意識，不僅是調查採訪時可派上用場，更可以延伸到各種日常溝通。當你建立了問題意識，你就能提出為什麼這個知識、這個議題很重要，說明自己重視與關心的理由，透過對外傳達，來引發他人關心。因此，能夠建立問題意識，不僅能產生創意構想，提出好企劃，更能讓你的提案和簡報具備吸引力與說服力。

培養問題意識的練習

想要建立問題意識，是可以有意識地加以練習與培養。我建議將自己的思考與感受，變成一個向外界與向內在探測的天線，運用這個問題意識金三角（參考圖3-3）來發展。

在這個金三角當中，問題意識居中，偵測外在的任何現象事物、發生事件、他人的行為反應，轉換成為兩種形式：一個是自己的情緒感受，另外是論點主張。前者是去感知同理他人的需求、情緒、期待的感性面，以及自己為什麼會在乎的感性面。後者則是運用理性推理，去了解、分析這些人事物的邏輯關係，有什麼主張與觀點，進而去建立自己的觀點。

問題意識雖然根據專業領域、需求有所差異，但是仍有幾種基本類型，可以提供我們思考的方向。

我們透過問題意識四象限（圖3－4）來了解問題意識的基本類型。橫向的右端是關注人際溝通，左端則是關注外在現象與議題。垂直軸線的上方強調復原、改善問題，回到原本平穩狀態，下方則是重視創新與挑戰，突破現狀，期待創造未來願景。

我們先從右方看起。第一象限是人際溝通的復原面，這個類型問題意識，出發點是要解決某個人、組織的痛點，或是建立連結信任的關係。而第四象限的問題意識，強調的則是某個人、組織的成長進步，學習與創新，邁向未來。

左方第二象限的問題意識，是去了解、並且解決外在現象與議題，檢視對既

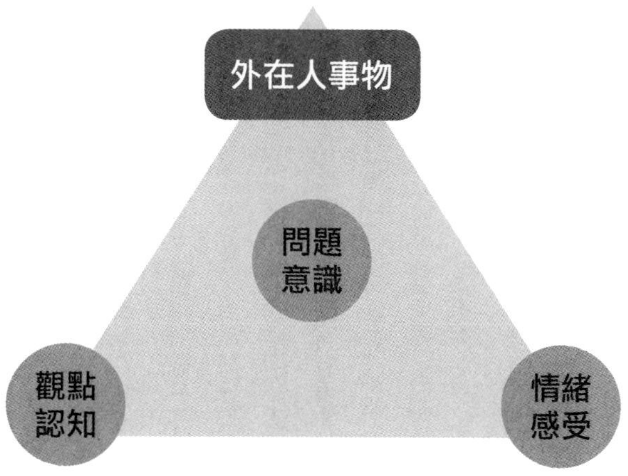

圖3-3：問題意識金三角

有狀況的衝擊與影響，如何調整、復原與改善。第三象限則是這些現象與議題帶來的創新與改變，如何促使整體環境進步提升。

如果以前述發展澎湖海洋文化、地方創生為例，這個問題意識屬於外在現象與議題的類型。如何恢復澎湖原有的生態環境，改善既有觀光產業的品質，就是第二象限的問題意識。而想要發展具有澎湖在地文化內涵的創生產業，還有建構吸引青年返鄉創業的環境條件與輔導方案，跟目前既有的澎湖觀光產業有所區隔，就屬於第三象限。

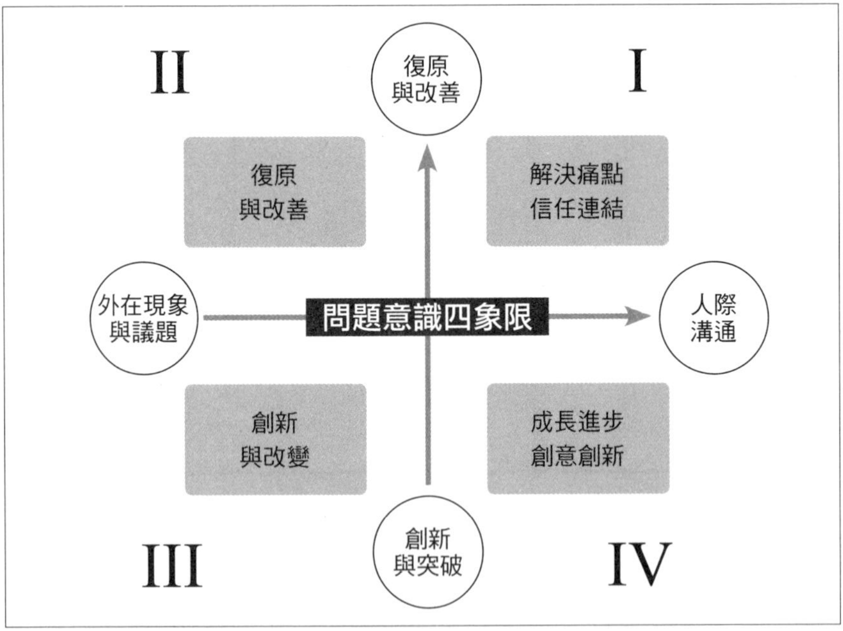

圖3-4：問題意識四象限

我們對問題意識的概念有了基本了解，掌握問題意識的基本類型，接著就是要培養問題意識的能力，才能有邏輯順序的整理、提出相關的問題，進行訪談、教學與學習。

接下來的兩章，我將會針對問題意識的這四個象限，分別以外在現象與議題、人際溝通與深度理解，引導大家有系統、有架構地建立問題意識，掌握問題意識的重點，逐步培養提問力。

提問練習

我們以二〇二一年五月之後突如其來的疫情為例，練習思考這個現象可以提出哪些問題意識。

問題1：在個人或組織端的溝通，第一象限與第四象限各自的問題意識為何？

問題2：若從疫情對於外在現象與議題的影響來看，第二象限與第三象限各自的問題意識為何？

問題3：從你個人的角度出發，你最關心的問題意識屬於哪個象限，可以簡述說明你的問題意識嗎？

問題意識的參考範例：

問題1：在個人或組織端，第一象限是群聚現象帶來的問題、如何保持社交距離，或是社交距離下，人際的情感連結如何維繫。第四象限則是疫情影響下的改變，例如線上課程的盛行、在家工作的學習與成長，打破過去習以為常的形式。

問題2：第二象限屬於如何恢復疫情前的平穩、正常狀態，需要做哪些努力與改變，重視的是疫苗的爭議、疫情下經濟的衝擊、店家的困難、防疫的措施。第三象限則是疫後的未來，哪些新趨勢與新創新的可能性，例如電商物流、生物科技、外送的變化，哪些行業興起，哪些行業殞落。

第四章

如何建立問題意識（1）了解現象議題

——運用 5W1H 去思索問題，編輯一張視角寬廣的大綱

問題意識是探索人事物的起點。它並不是要鉅細靡遺地找出答案，而是要找出核心的問題、問題背後的真正問題。問題意識就像是槓桿的施力點，指引我們前進的方向，再透過曲折路徑的提問探索，隨時根據新發現、新線索，因時因地制宜、彈性調整。

在討論培養問題意識的方法之前，我們先來釐清一件事。就像上一章強調，難題不等於問題，這章我們要檢視眼前的各種問題，它們多半不是真問題，反而只是「現象」。

不少人會有類似的經驗；在會議上報告自己收集的資料、觀察到的問題，主管卻是無法理解，甚至會回問：「聽你說了很多，但是你到底想說什麼，你的問題是什麼？」

這個溝通落差，是因為我們常常將觀察到的現象與問題弄混。現象是外在發生的客觀事實，包括人事時地物，但它本身並不構成問題。

如果我們把看到的現象都當成問題，問題就永遠解決不完，甚至只是解決表象問題，無法深入問題核心。因為我們主觀認知的問題，不一定是他人認為重要的問題。要讓客觀現象變成他人重視的問題，就需要把問題挖深，找出真正需要重視與解決的難題，並站在不同立場去說明問題之所以重要的原因，引發更多人的關心。

如何將現象轉變成問題，需要先描述清楚現象發生的狀況，從中找到各種值得重視的問題，再歸納這些問題，整理出最重要的問題，繼續探索問題背後的問題、需要解決的難題。

當我們具備了問題意識，就能從觀察到的現象、收集的資料中重新聚焦，找出問題本質。例如根據不同對象、情境脈絡與目標設定，找到我們最關切的問題，進而釐清想解決的難題。因為不同的難題有不同的解決方案，彼此之間可能還會有資源分配上的衝突，該如何權衡輕重，找到最關鍵的解決方案，都需要進一步深思與探究。

5W1H是一切問題的基礎

我過去當了十二年的記者與編輯。離開職場十三年來，我在台灣各地做田野調查、當企業顧問、教學，以及寫書，這些工作都需要靠大量提問來了解顧客的需求以及他們的故事；同時，提問也幫助我找到持續寫作的問題意識，並且在不同的工作項目中提出自己的主張與解決方案。

由於經常要拜訪不熟悉、陌生的人事物，我需要事先做好準備，才知道要問什麼問題。我的方式就是先大量發想，把自己想知道、關心與好奇的問題都寫出來，再從中去找出問題的脈絡，建立自己的問題意識。

我最常運用的思考原則就是5W1H，也就是：Who（何人）、What（何事）、Where（何地）、何時（When）、Why（為何）與如何（How）。這六個關鍵字，構成了一切問題的基礎，也是問題發生的來龍去脈與情境背景。我們能把現象整理清楚，就能從中找出值得探索的問題。

5W1H看似簡單，但是每一個元素都是最基本的硬功夫。透過5W1H這六個元素的拆解、融合與排列組合，我們對現象的思考方向就可以千變萬化，進而能了解整體的來龍去脈，再運用抽象的思維找出模式或架構，我們可以有具體的溝通，以及清晰的實踐。我在《精準寫作》的「主題力」一章，就以5W1H為基礎，帶讀者去發想文章主題，在《風土創業學：地方創生的25堂商業模式課》，也以專章討論5W1H建構風土創新力與商業模式。

構思問題意識的兩階段

如果我們想對外在現象、各種趨勢、大量資訊與人事物的變化，培養自己的看法與問題意識，就需要跟自己的大腦開5W1H動腦會議。5W1H像一個彈性伸縮的望遠鏡，貼近細察可以大量思考與收集關心的資訊與現象，並檢查各種現象的狀況，遠距觀看則是與既有現象抽離，運用俯瞰整體的方式，看出現象之間的關

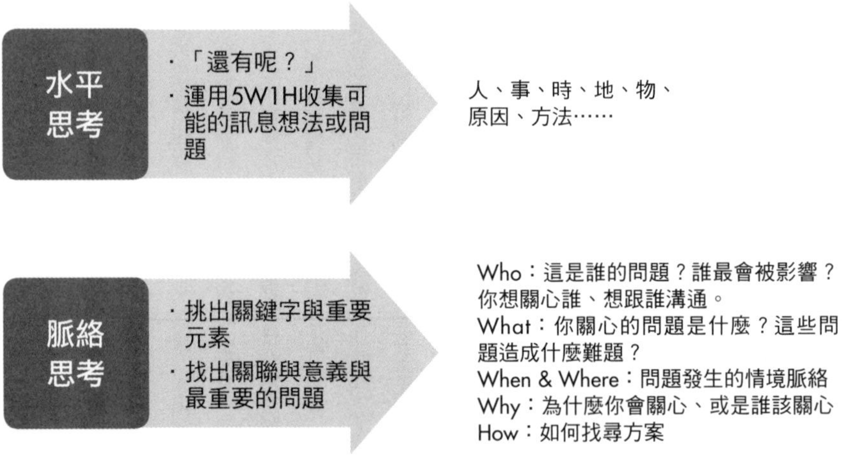

水平思考
·「還有呢？」
·運用5W1H收集可能的訊息想法或問題
人、事、時、地、物、原因、方法……
脈絡思考
·挑出關鍵字與重要元素
·找出關聯與意義與最重要的問題
Who：這是誰的問題？誰最會被影響？你想關心誰、想跟誰溝通。
What：你關心的問題是什麼？這些問題造成什麼難題？
When & Where：問題發生的情境脈絡
Why：為什麼你會關心、或是誰該關心
How：如何找尋方案

表4-1　構思問題意識的流程圖

聯與脈絡。（參考表4-1）

第一階段先嘗試發散式的水平思考。水平思考的關鍵字，就是「還有呢？」這個階段就是把自己關心的事情，看到的現象，任何疑惑的、不滿的、好奇的關鍵字都寫出來。我們需要的是大量的想法，找尋各種可能性，想辦法將自己的想法橫向擴大，打開想像空間。

這個階段需要的就是勇於發想。我們到底對什麼好奇？想知道什麼？可能的問題是什麼？哪怕是零碎、混亂的訊息都好，最怕的是什麼想法都沒有。大家可以寫在紙上或便利貼上，一直問自己還有呢？還有沒有？

萬一沒有太多想法，就召喚5W1H六智者降臨，引導我們自問自答。先問以下的問題，並嘗試寫出各種可能的訊息、想法或問題：

Who：你想溝通的對象與關係，包括自我、顧客、老師、學生、情人、家人、主管、下屬……

What：各種事物、想法、產品、內容

Why：動機、目的、需求、隱藏的情感

How：方法、流程、程度

When：時間、過程、時機

Where：空間、場所、方向

第二階段是進行脈絡思考，嘗試將關鍵字、重要元素挑出來，找出各元素之間關係。這個過程是去組織、整理、探索散落想法之間的連結性，看出彼此背後的關聯與意義，找到最重要的問題。

脈絡思考幫助我們從現象之中找到具好奇心的問題。跟Who有關包括：這是誰的問題？誰最會被影響？你想關心誰、想跟誰溝通。跟What有關包括：你關心的問題是什麼？這些問題造成什麼難題？此外，還有這些問題發生的情境脈絡（When & Where），為什麼你會關心、或是誰該關心（Why），該如何找尋解決方案（How）？

這個構思問題意識的過程，就是先見林再見樹。這樣做能夠有效地整理散亂的資料與思緒，對問題意識產生大致的輪廓，找出最重要的樹木主幹（problem），再關注樹幹上的枝葉（question）。

「好的主題陳述是簡潔扼要的，沒有細節，但精確地勾畫出故事的主軸。如果說最後的報導有如一幅油畫，主題陳述則像是最初的素描，以幾筆關鍵的線條來勾勒輪廓。」這是《報導的技藝》一書作者對主題的比喻，我認為也可運用在問題意識上；也就是說，我們要先勾勒出難題的輪廓，才知道該問什麼問題去填滿輪廓裡的內容。

我們最怕問題太過枝微末節，反而失去整體觀。針對不同對象的提問，不論是對員工、其他部門同仁、外部合作單位、甚至是消費者本身，我建議都要讓他們先知道你想瞭解的是什麼（What），提出什麼問題（What），接著才能進入何地（Where）、何時（When），為何（Why）與如何（How）。

調整問題意識的設定

上一章我們提到第二象限與第三象限問題意識的差異；前者是解決問題痛點，恢復、回到既有平衡狀態，後者是追求創新、突破既有框架，達到更好的理想。提問者需要根據自己的目標、需求，去調整問題意識的設定。

接下來我們就舉例說明，如何運用5W1H產生問題意識，以及如何選擇第二或第三象限為出發點。

今年七月的疫情期間，才剛放暑假，我就針對四十位高中、國中小老師開了一門教學提問力線上課。第一天先教提問互動教學法，讓老師學習提問引導的教學技巧，第二天則教以提問為核心的教案企劃。

第一天上完課的課後作業，老師需要重新設計教案。大家針對自己學科的某堂課，寫出課程主題、學生的學習重點，以及五個主要引導學生思考與討論的問題。

問題來了。許多老師習慣用出版社提供的教科書教案，或是太熟悉課本內容，但是都以講述方式為主。我在這門線上課要求老師，先設想這堂課要讓學生學到什麼重點，然後設計一系列引發學生思考的問題，這樣的思考模式讓大多數的老師非常困惑。

其實，這就是以問題意識出發來思考：為什麼這堂課很重要？為什麼學生要學這堂課？如果沒有弄清楚這些問題，老師在課堂上就容易照本宣科講好講滿，無法引發學生的興趣與注意力，老師教起來也容易提不起勁。

我以三峽明德國中生物老師林凱彥在線上課分享的教案為例。他想教的這堂課主題是「細胞」，希望學生了解細胞是構成生物的基本單位，能分辨常見細胞的型態與功能。一開始，他列出了五個問題：

學員版提問1.0

❶ 第一位發現細胞的人是誰？
❷ 如何看圖能說出不同細胞的形狀？
❸ 這些細胞的功能是什麼？
❹ 如何維持自己正常的生理運作？
❺ 細胞內有一些微小且具有功能的構造，稱作胞器，這些胞器的名稱與功能？

以上看起來都有提問，但這些都是問題（question），沒有讓人關心、好奇、想解決的難題（problem），也就是缺乏問題意識當教學的出發點。

我反問凱彥，為什麼學生需要關心細胞，跟他們的連結是什麼？如果沒有發現細胞，以前的人生病會如何醫治？發現細胞之後，醫療方式與知識是否有大幅改變？

我的提問是站在不懂細胞重要性的學生角度出發。老師若想吸引學生的注意力，讓他們重視細胞的知識，就需要先問自己為什麼。為什麼細胞很重要？為什麼需要認識細胞？從這個角度出發，才能回答為什麼學生需要學習細胞知識。

這些問題就是問題意識的基礎，但是我們需要再檢視一下問題意識的出發點。原本第一個問題是問誰是第一位發現細胞的人，這個方向似乎暗示創新，突破既有框架，代表醫療方式與知識會有大幅改變，應該屬於第三象限創新型的問題意識類型。因此，後續的問題都要扣緊這個創新議題，細胞的發現如何改變醫學或生物學的走向，帶來哪些重大突破？

但是凱彥後續的問題又跟第一個問題無關，他希望學生去認識細胞特色與功能。我問凱彥提這個問題的出發點是什麼？他想要強調細胞的重要性改變了生物學與醫學嗎？還是，他只是要讓學生認識細胞主要的功能與影響。

凱彥說是後者。因此，我建議調整問題意識為細胞的重要性，圍繞在生病對於細胞產生什麼影響，如何讓細胞功能恢復原狀這類的問題，也就是要以第二類型復原型的問題意識為主。如果是第三類型的創新型，問題意識需要以各種類型細胞研究的創新為主，然而對注意力有限的國中生而言，一開始對細胞沒有太多生活連結與感受，對於細胞研究創新的題材，就會更無感了。

根據我們的討論，凱彥運用5W1H的水平到脈絡思考，重新修改教案。他寫下細胞教案的脈絡緣起（陳述難題發生的情境脈絡），以及問題意識：

對象（Who）：不認識細胞、上課容易不專心的學生

脈絡緣起（Where&when）：以前人類還不知道細胞時，生病時會選擇用宗教或巫術來面對，不知道可以從細胞的角度切入治療。

細胞是什麼（what）：任何生物最小的單位，不同細胞有不同功能，藉此維持身體正常運作。因此生物課的第一課，就要從細胞學起。

細胞的重要性（why）：自從發現細胞之後，人類多了一個可以聚焦的目標、更深一層了解人體狀況，知道生病來自身體不同部位的細胞出問題，可以針對這些問題對症下藥。

教學技巧（how）：教學上要如何吸引學生對細胞之事感到好奇，願意思考與學習，

問題意識：當身體不舒服時，你能不能先判斷是自己哪裡出問題，再明確地告訴醫生讓他做出精準的判斷？這就是先問自己細胞「為什麼」重要的起因。

藉由5W1H構成的問題意識，凱彥把原本的五個問題修改如下：

學員版提問 2.0

❶ 先從學生的生活經驗連結出發，會讓學生比較有感覺：請問大家有沒有感冒的經驗？可以分享一下你當時有什麼症狀嗎？

❷ 感冒時身體會很不舒服，但經過多休息後，它就會慢慢好起來，你知道是什麼原因嗎？

❸ 以人為例，我們除了對抗病毒的白血球外，身體中還有許多不同種類的細胞，你能看著圖片用自己的話說出它們各自的形狀嗎？

❹ 這些細胞長得不一樣，請問它們的功能各是什麼？

❺ 這些不同的細胞是如何維持自己正常的生理運作？

大家有沒有發現，教案修改後更貼近了學生角度，五個問題之間也能緊扣教學的問題意識，以生病為切入點，討論細胞對人體的功能與重要性。

關鍵在於，新版將問題轉變成以難題出發，引進了問題意識。凱彥運用5W1H，確認了溝通對象（who），在什麼脈絡背景下（where&when）發生的難題（what），並能說明想了解、解決這個問題的重要性（why），以及如何開始進行、想提出什麼解決方案與建議（how）。

「問問題的原則不求數量多，而在精準。」這是凱彥的心得，「問問題就像在建階梯，一步一步引領對方看見新風景。」

掌握這個思考組合，就能拋出你特有的問題意識大綱，去捕捉更多重要的訊息與問題。

提問練習

我們以少子化的議題，來練習問題意識的發想與聚焦。少子化代表出生率減少，這是一個客觀中性的現象，如果我們希望大家重視少子化衍生的議題，就要思考少子化對誰、在何時與何地造成什麼問題與影響？進而將少子化現象轉換成可以被討論的問題意識。

問題1：根據少子化的現象，從第二象限領域來看，偏重如何復原與改善的議題，可以發想什麼類型的問題意識？例如以偏鄉遇到少子化的現象，會衍生什麼問題、以及需要被解決的難題，進而思考問題意識，請試著列出三個扣緊問題意識的相關問題。

問題2：根據少子化的現象，從第三象限領域來看，偏重如何創新與改變的正向議題，你可以發想什麼類型的問題意識？例如遇到勞動力人口減少的問題，要如何轉型成知識密集，而非勞力密集為主的產業型態。要如何發想出這個類型的問題意識？列出三個扣緊問題意識的相關問題。

第五章

如何建立問題意識（2）人際溝通

——結合薩提爾冰山模式，更深刻了解他人

我曾為一家科技公司業務部門開設「提問力」課程。課程一開始先討論學員的學習目標，有一組學員彙整意見進行報告，提出最困擾的問題是要如何控制客戶，讓他們聽話，不要有太多意見、也不要殺價，願意採購該公司的機器設備。

「該如何讓客戶聽話？」我好奇這個問題背後的問題是什麼？「因為客戶常常不理我們，也不採納我們的意見，只想殺價、砍利潤。」學員們回答。

業務同仁的問題，其實不是真正的問題，而是現象。我繼續追問學員這個問題：「客戶不聽你的意見，對產品或價格有自己的堅持，背後的原因是什麼？」

他們聳聳肩，「客戶沒說，應該都是價格問題，我們談話主題常常只繞著價格。」

價格是現象、問題，還是難題？定價策略涉及到商業模式與市場定位，更涉及企業本身的價值訴求（商業模式相關知識概念可以參考我的《風土創業學》），但是也牽涉到人際交情或其他非價格因素。表面是價格，底層也許是抽象的價值理念，或是未說出口的原因。

就如同上一章強調，我們常常誤把現象當問題，導致沒有問對問題、問出好問題，以致提供錯誤答案。

「價格」可能只是現象，「價值」就會涉及到說不出口的問題、或是難以解決的難題。我們不可能控制客戶，卻可以理解客戶，因為他們是活生生的人，任何決策都有想法與情緒因素。我們只能從他們的話語、行為與反應的現象，去探詢表面看不到的原因，找出需要解決的難題。

大部分溝通失敗的原因，都在於用習以為常的直覺反應去回應對方。不是沒有站在對方立場思考，就是誤把對方苦惱的「現象」當問題，沒有辨識與細加探索，只是原封不動當成問題，接著提出錯的解決方案或答案，造成問題愈來愈多，疲於奔命、解決不完。

比方客戶在意的是價格。一般直覺反應往往是，「又來了，都是想砍價，不在乎品質，只想凹我們業務。」或是對方說了自己的工作困擾，在於主管只要他控制採購成本，沒有任何彈性，他也無可奈何。

前者的狀況，就是業務人員再次印證自己的直覺認知——這是客戶本身的老問題，後者則是客戶說出自己也無能為力的「問題」。

兩者都是停留在表面陳述的現象。都沒有往更深一層提問，為什麼對方只在意價格？為什麼對方說他也無能為力？缺少找尋更好問題的問題意識，去深入探索客戶話語中的線索，就容易造成業務人員始終原地打轉，爭議點永遠只有「價格」。

正如同第四章說明，問題意識分成外在現象與人際溝通兩種型態，然而人際溝通往往比外在環境現象還複雜。因為這是一種現場即時性與互動性非常高的溝通，就像打桌球一來一回的互動，只要一個眼神、表情，或一句話的細微變化，都會帶來極大改變，從負變正，或由正變負，產生很多不必要的誤解、製造更多難題。

他人反應如冰山表面，我們只看到現象，很難捕捉到冰山底下的問題或難題。雖然有大量書籍、專家都在教溝通對話，提供各種技巧，但容易只是在現象打轉，缺乏有系統的方法。我們若能培養問題意識，才能適時適切問出好問題，建立更好的對話與理解。

理解與轉化他人的情緒

因此，本章的重點與問題意識，在於如何培養人際溝通的問題意識，才能做好人際溝通、組織溝通、部門溝通，甚至是一對一的深度溝通。

培養人際溝通的問題意識，跟探索外在議題的問題意識最大差異，就是多了溝通上的情緒。我們常常將情緒視為負面元素，想要排除其情緒干擾，或是避免觸碰情緒。但是情緒無所不在，任何理性判斷都有情緒影響的空間，情緒是不能忽略的重要課題，要有效溝通，就必須深入瞭解他人情緒。

情緒感受與理性思考並非相互矛盾，反而息息相關。「情緒有邏輯，邏輯裡也經常有情緒。」《情緒賽局》強調，人的情緒不會沒來由，而是有蛛絲馬跡、甚至有因果邏輯關係。任何理性思維與觀點，背後也有情緒因素的影響。

我們該如何看待情緒反應與理性思考？諾貝爾經濟學獎得主、著名的心理學家康納曼（Daniel Kahneman）在《快思慢想》將人的思考分成系統一與系統二，前者是像兔子般快速直覺反應，後者則是像烏龜般緩慢推敲的邏輯思考。心理學家海德特（Jonathan Haidt）在《象與騎象人》用更有趣的比喻來解釋系統一與系統二的特質。他認為，我們的情感面是一頭大象，理性面則是騎象人。騎象人代表系統二，坐在大象背上用韁繩操控系統一的大象，但是騎象人對比龐大的大象，身形相對渺小，只要大象與騎象人對前進的方向有不同意見，都是大象則佔上風，騎象人毫無反擊之力。

該如何駕馭情感豐沛、充滿熱力的大象？這是個錯誤的提問。因為大象永遠佔上風，是無法被控制的。問題應該轉換成該如何讓大象與騎象人產生共識，願意接受騎象人的指引，走到對的方向？

情緒不能控制，卻能理解與轉化。《改變，好容易》（新版本譯名則為《學會改變》）作者希思兄弟指出，大象才是讓改變發生的原因，不論是崇高理想或是瑣碎小事，都需要大象蘊藏的能量與動力，推動現況，朝目標前進。然而騎象人總是過度分析與思考，難以做出決定。

希思兄弟在《改變，好容易》強調，有效溝通與改變，必須先打動大象，否則只有方向、沒有動力，騎象人只能暫時駕馭大象，但力量無法持久。因此，希思兄弟認為，真正改變他人的三要素，除了提出明確方向的騎象人，以及打動大象的情感面，還加上營造讓改變更容易發生的情境。

在溝通中，你是否忽略了期待和渴望？

但是，就我看來，希思兄弟仍強調理性與感性二元對立的局面，忽略牽引理性與感性相互影響的深層原因。目前廣受注目的薩提爾（Virginia Satir）冰山理論，這一種諮商溝通的架構，就突破了理性與感性的對立僵局，把人際溝通的問題意識進一步加以系統化。

我們先來簡單認識冰山理論的起源和內涵。冰山理論是由家族治療大師薩提爾提出，她主張，人的行為、包括所說與所做的，都是表面可見的冰山一角，但是水面下更多看不見的部分，才是深深影響水面上行為的原因。

薩提爾的合作夥伴、也是她嫡傳弟子，心理治療師約翰．貝曼（John Banmen）在《薩提爾成長模式的應用》強調，薩提爾提出的「冰山隱喻」，在於了解人們表面行為背後的因素，幫助人們探索不同層次的自己，包括自己曾忽略、壓抑，或不夠注意的情緒感受。而治療師的工作，正是要幫助他人把話說得比較具體明確，用清楚精確的方式溝通個人經驗的細節，藉此讓人們找到自我轉化與改變的方法。

這一切之所以稱為薩提爾「模式」，是因為這些表面的行為，背後都受到心理因素慣性模式的運作；包括了情緒、觀點、期待與渴望，它們交互影響著我們的反應與作為，變成我們的行為模式。

情緒（你感覺）：對人事物的心理感受，包括喜怒哀樂懼等情緒，人的行為受情緒影響最大。

觀點（你認為）：這是個人的看法、理解、詮釋與價值觀，如何看待世界的角度。這是受到後天成長經驗、學習與環境影響，不同的觀點也會影響情緒與行為反應。

期待（你希望）：心中希望、預期自我、他人採取的某種行為或設定的目標。

渴望（你想要）：內心深處與生俱來的渴望，包括愛、被愛、生存、自主、尊重、歸屬感，這是個人成長的潛在動力。

相對於騎象人與大象二分法，冰山理論將情感面再延伸出期待與渴望，幫助我們更深入了解人際溝通的問題意識。由於觀點、情緒、期待與渴望這四個元素相互影響，產生不同變化，帶來成長的助力，創造更多可能性；也可能因為盲點的侷限，造成阻力，產生負面的結果。

薩提爾冰山理論目前盛行在教育界與親子教養，但是整體說來缺乏有系統的架構，不易應用。我注意到，企業輔導教練出身、學了薩提爾諮商理論的陳茂雄，他在《薩提爾教練模式》一書中，重新將貝曼繪製、較為複雜的冰山圖，簡化成更有結構、能一目瞭然的冰山理論，為大家提供了不同角度。

另外，我也認為目前薩提爾理論的應用，似乎過於偏重「情緒」，希望將負面情緒轉化，對「觀點」這一項則是著墨不多；這將會涉及如何引導學生、孩子理性思考，建立個人對外界事物的觀點與判斷。

同時，薩提爾冰山理論因為以家族治療為主要層面，較少注意外在脈絡的影響。但是，個人的行為模式、甚至觀點，往往受到不同成長環境，包括家庭、家族、社區、工作與社會脈絡的影響，或許我們需要考量更多外在脈絡，才能更宏觀理解一個人、一個組織的狀況。

當5W1H遇到冰山理論

人際溝通的問題意識，不只需要向內看更深，也要向外看更遠。因此，我認為需要統合冰山下的內在心理，以及冰山外的情境脈絡。我將《薩提爾教練模式》提出的冰山模式圖，結合《改變，好容易》談到的大象（情緒）、騎象人（觀點），與外在情境脈絡，藉由5W1H的重新轉化與補強，成為一個問題意識系統思考的架構（參考圖5-1）。這個架構將不只能夠應用在學生、親子教養、諮商，也能理解主管、部屬、同事與客戶，進行更深入的溝通。

我們就以第四章討論發展澎湖海洋地方創生的問題意識，具體地來做應用。這是屬於外在現象與議題的類型，包括第二象限的問題意識，在於如何恢復澎湖原有的生態環境，改善既有觀光產業的品質。第三象限的問題意識，則以如何發展具有澎湖在地文化內涵的創生產業，並建立吸引青年返鄉創業的有利條件。

當外在現象或議題需要更深入探索時，不論是復原或創新型的問題意識，都需要訪談許多當事人，了解更深入的內容，才知道能否滿足需求，或是解決痛點，甚至提供未來願景。這時候的問題意識，就轉換成為人際溝通的第一或第四象限類型。

進行訪談前，需要先了解你的主題與問題意識類型。我們要先分辨這是屬於第一或第四象限的問題意識類型：是想了解相關產業、社區、利害關係人的內心狀況，關於如何復原、改善與解決既有的問題？還是建立新願景、帶動更大的創新改變？

不同的問題意識出發點，決定你眺望與探索他人內心的方向。先構思準備哪些問題，才能從他人表面的言行，潛入冰山下找尋問題、更深刻的難題。

第一象限類型的問題意識，需要了解目前從事觀光產業的業者、或是社區經營者的狀況，找到真正的難題，才知道如何解決。

先收集整理冰山的外在環境脈絡（where&when），以及他們的經營方式（how）與特色，或遇到的挑戰（what），才知道如何透過訪談確認整體狀況，以免有認知誤差。接著往下探索他們的內心痛點（why），包括你對現況的看法（**觀點**），你的感受如何（**情緒**），你的事業（或社區）想要有什麼具體改變、或是回到什麼狀況（**期待**），最後則是希望你自己、或社區能夠得到什麼（**渴**

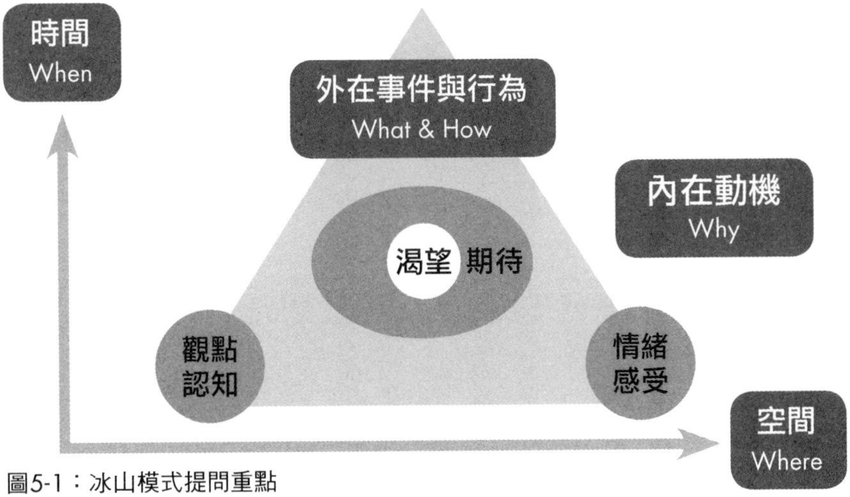

圖5-1：冰山模式提問重點

望）？

這個過程也是運用5W1H去了解狀況，了解當事人的需求，以及可能出現的盲點，了解盲點，才知道真正糾結的難題，否則都會只是現象。

第四象限的問題意識偏重創新與改變。訪談對象比較著重尚未返鄉的澎湖人，或是在既有社區、產業中準備要接班，想積極帶動轉型改變的青年。因此，在問題意識設定上，需要了解他們對於返鄉創業的認知與想法，或是目前做了什麼創業準備，遇到哪些挑戰，需要什麼協助？要找到他們創新與創業可能遇到的難題，才能思考可能的解決方案。

同樣要先收集他們目前的情境脈絡，包括尚未返鄉者的現況脈絡，或是在既有產業與社區的外在環境脈絡（where&when），以及他們目前的經營、工作方式、做了哪些創業準備（how），要發展什麼不同的創業特色、需要什麼協助（what）。此外，要準備問哪些問題，能夠往下探索他們的動機（why），包括你對現況的看法**（觀點）**，這個現況引發什麼感受**（情緒）**，你的新事業（或社區）的目標**（期待）**，最後你希望新事業或社區能夠得到什麼**（渴望）**？

要注意的是，受訪者可能因為對現況的認知有限，或是對於創業該具備的專業知識與方向有所偏誤，而產生盲點。訪談者不能只聽單方面的說詞，而是要多方了解、交叉比對，才能釐清可能的盲點，嘗試找到他們真正的目標，以及該強化、提升的能力。

再舉另一個例子。我的「精準寫作力」工作坊有位中部的國小音樂老師馨方，她是國小藝術教育輔導團召集人，負責培訓與輔導視覺、音樂與表演藝術的老師精進教學能力。

由於藝術教育老師都頗有自主個性與想法，並不太熱衷共同學習，每次上課人數不到二十人。

突如其來的疫情，造成原本課程都改為變成線上課程。由於體驗式藝術教育重視實作與合作學習，但是線上課程很難同步歌唱、合奏直笛，即使播放音樂欣賞影片，也因電腦與網速都無法流暢進行，造成教學上的困擾。

由於教育單位要求趕緊辦理線上教學研習，馨方老師開始深思，究竟要端出什麼樣的內容，才是現場藝術教師們最需要、真正幫助他們的課程？「還是只要應付長官需求，讓團員們稍微分享一下，辦個一小時的分享會，就可以交差？」

她想要改變現狀，有效協助老師提升線上教學能力。她的想法屬於第四象限的問題意識類型。這是過去沒經歷過的挑戰，要如何帶動創新改變，去解決線上藝術教學的難題？

她先了解老師們的痛點與需求。先從可見的冰山了解起，包括當下的情境脈絡（where&when），以及他們的教學方式（how）與面對的挑戰（what），並進入冰山模式，了解內心的痛點（why），包括情緒、觀點、期待與渴望。

接著轉換視野與角度，請教在紐約從事藝術線上教學的老師。因為他們經歷疫情的衝擊，已經身經百戰、很有經驗。她透過提問，了解紐約朋友的外在環境脈絡（where&when），遇到的疫情挑戰（what），以及他們的線上藝術教學方式（how）與特色，如何克服線上學習的挑戰。

她找到彼此可以連結的經驗傳承。她邀請紐約的老師、甚至是台北已進行線上藝術教學的老師來分享經驗與方法。結果輔導團推出的四場線上研習課程，每場都超過兩百人參與，輔導團也吸收經驗，透過線上群組的諮詢與協助，讓藝術教育老師隨時都能得到支援。「我第一次真真切切感受到藝術教師們對學習的渴望。第一場研習之後，教師們紛紛表示第一次感受到，輔導團真的了解他們的需求、真的和他們站在一起。」馨方興奮地說。

即使疫情趨緩之後，輔導團與藝術教育老師的感情更為融洽，老師們更積極參與學習，互動更緊密。

當我們將5W1H方法與冰山理論結合在一起，可以有系統地培養對人際溝通的問題意識。我們透過對的問題，可以去辨識對方冰山底層，探索情緒大象、騎象人觀點之間的關聯與糾結，覺察對方潛在的期待與渴望，進而釐清可能的難題與盲點，以及困擾他們的情境脈絡，才知道如何有效地轉化與改變，做更好的溝通與協助。

有了問題意識，讓自己的思考與溝通天線更敏銳，才能問出好問題，做好提問的準備。

提問練習

我們以二〇二一年五月之後突如其來的疫情為例，練習思考這個現象可以提出哪些問題意識。

問題1：練習運用5W1H來分析自己的內在冰山模式。可以從二〇二一年疫情發生後，因為社交距離影響自己工作、或是取消重要活動等外在挑戰，進行自我剖析。藉這個方式可跟自己對話，更了解自己過去沒注意的冰山模式。

問題2：練習透過5W1H與冰山模式，運用到與他人的溝通。請你思考這陣子、你與合作夥伴、部屬、長官或是客戶，因為遇到某些挑戰（例如疫情影響）、或是不如預期的事件，雙方在溝通上並不太順利，請你換個角度，去思考與感受對方的冰山模式。

第六章

什麼是好問題？
——如何找到好問題

前三章我們談培養問題意識的重要性，包括：分辨「難題」跟「問題」的差異，從中找出想了解的核心問題，以及我們經常誤把現象當問題，而無法深入問題根源，浪費時間與資源。因此，透過建立問題意識的四種類型，可以幫助我們釐清問題的重要性與意義，找到自己提問前的出發點。

但是問題來了。自己有了問題意識，接著要怎麼進行提問，讓別人聽得懂你的問題？更重要的是，要如何問出好問題？

我的提問力工作坊，有來自不同專業領域的學員。其中一位負責家族事業的學員，他的業務是幫新建大樓安裝室內水電管線。這位學員表示，工作上他最苦惱的是，跟客戶溝通時，他常常只是跟著感覺走，想到什麼問題就脫口而出，造成無法與顧客的想法對焦。當他不清楚客戶真正的需求與問題，客戶也會經常問重複的問題，代表他沒有真正解決對方的問題，這樣的無效溝通，浪費了彼此的時間，也無法建立良好的合作關係。

另外，我也針對國、高中與國小老師的教學需求，開設提問力工作坊。我要他們在課前先閱讀我的《風土創業學》，並且列出五個問題交給我。不少老師讀完書卻繳了白卷，因為他們想不出問題，不知道要問什麼好；或是他們列出的問題彼此之間沒有關係，很像是硬擠出來的。

上述的兩個不同提問狀況，是許多人日常溝通的痛點；這是因為提問者沒有掌握他人狀況，也不了解自己的狀況，造成溝通不良。一問一答的過程就像打桌球，目的是讓雙方不斷來回擊球，不讓球掉落。如果提問的問題太跳躍與分散，你發出的球對方不容易接到，對方回擊的球、你也沒接好，雙方一直在撿球。如果你不知道要問什麼問題，就像你不會發球，對方就無法擊球回應。

怎麼問，比問什麼還重要

因此，我們在這章要學的是，如何把「問題意識」化成一個個具體可提問的「問題」。當然，從「想」問題，到「問」問題之間，本身就是一個大難題。因為提問者必須把腦袋中的問題，拉出來轉化成被他人聆聽、也能聽懂與理解的問題，對方才能夠回答問題。在不同腦袋之間所進行的轉換與連結，並不簡單。

要問他人什麼問題？提問的內容，將由問題意識來決定。我們要先思考：提問的目標是什麼，又要把他人帶往哪個目的地？

以安裝大樓管線的企業第二代學員為例，他的問題意識是找到客戶需求。因此，他的每個提問內容，都需要了解客戶真正的問題是什麼，同時要分辨哪些只是現象、哪些是問題，並且進一步挖掘需要解決的難題。

然而，這位學員不知道如何問出這些事情。因為怎麼問問題，比問什麼問題還重要。

打個比方。假設離你家不遠處的山區突然挖出溫泉，想要在家裡享受泡湯的樂趣，該如何將溫泉引流到你家？

請大家想一想，要用什麼器材讓溫泉水能接到你家？

答案是水管。提問就像一根根水管，根據你的目的地，回推要怎麼接管，才能將溫泉一步步引導到你家水塔。

你想溝通的對象，他的內心想法就是那股豐沛的溫泉。這股龐大的泉水不能只用一根巨大水管直通你家，當泉水大量湧來，一下子就把你家給淹沒了。另外，管線引流的一路上，要克服各種地形環境限制，透過管線曲折迂迴的調整，才能順利將泉水導入家中。

因此，提問就像溝通的管子，必須先知道目的地，才能正確地引流對方的思緒。其次，提問就是各種問題的組合，必須要用一根根提問的管子，逐步將對方的想法、思維與經驗，一步步銜接、引導到你的目的地，才能達成好溝通。

學好提問的第一步，就是先知道你的溝通對象、目的，要完成什麼目標，接著，透過管線，一步步把對話導向想去的地方。

我們不可能只靠一個偉大問題就能達到目的，就像無法用一根大管子就將溫泉直通你家。因此提問之前先要把相關問題釐清，找到問題之間的關聯性。如果自己搞不清楚，想到什麼就問什麼，就會發生問題跳躍、沒有邏輯關聯；而且沒有站在聽者的立場就提問，只是浪費彼此時間、破壞信任關係，更被對方視為不專業。

有觀點的問題組合：視野、視角與視點

好提問是一個問題組合，我們需要仔細構思如何將問題串連。這是一種有觀點的問題

組合，先從問題意識出發，再來要構思你的觀點是什麼，讓問題組合具有順序、層次與彼此連結。

觀點就是你所在的位置、立場，你眺望的角度。我在《精準寫作》的「觀點力」這章，說明觀點就像是一台攝影機，鏡頭所拍攝的畫面，就是你的觀點。觀點由不同的取景畫面組成，包括遠景的整體「視野」，透過不斷轉換移動的中景，呈現不同角度的「視角」，最後是近景聚焦特寫的「視點」。

透過視野、視角與視點組成的觀點，幫助我們找到有觀點的問題，並將相關問題串連起來。這個思考過程，同樣需要運用5W1H的方法來思考。

遠景的視野就是宏觀鳥瞰的脈絡思考，了解人事時地物的來龍去脈。先由這是誰（who）的問題（what）探索，接著把這些問題放到空間視野（where）來看，例如是發生於部門之內、跟其他部門的合作？還是與外部客戶有關，涉及上下游合作廠商與整體產業？再來，我們從時間軸（when）來說，事情發生的當下時間為何？過去累積的狀況條件的影響，未來會有什麼可能性？在時間與空間結合的立體情境下，我們可以完整觀察整體狀況，充分整理與考量情境與關係的影響，才不會造成太多遺漏。

這個逐步構思的過程，能讓我們對整體狀況有初步了解，知道要注意哪些問題，儘量不疏忽遺漏。

接下來將調整為中景的視角。這是嘗試換位思考，去觀察與感受不同角色的位階與立場角度。比方你的客戶是誰，客戶的立場與需求是什麼（why），他目前有什麼做法

（how）。我們還要思考客戶的客戶是誰？他們的需求與感受，以及客戶的競爭者做哪些事、哪些服務，對客戶產生什麼影響（what）。

另外是組織內部的視角。例如你的主管下達指令，他的角度與立場是什麼？也要去注意其他部門的立場、其他部門主管的想法、甚至往上推升到執行長、董事長的角度，不斷地拉抬格局，你的視角也會更多元豐富，最後篩選聚焦的觀點便會愈獨特豐富，不容易受到本位思考的局限。

從視野、視角的考量，最後再聚焦到特寫鏡頭的視點，也就是設計提問的觀點。觀點就是你綜觀全局、分析不同角度之後找到的關鍵點，這個關鍵點來自從視野、視角到視點逐步構思的過程，幫助你去思考問題組合、增加提問的靈感，不會讓問題跳來跳去。

以從事大樓水電管線裝配的學員為例，他在提問前要先從視野來構思。客戶是不是趕著完工交屋（when），施工地點會有什麼狀況（where），是否需要與其他工班（類似不同部門、合作廠商）協調完工時間？接著移到視角，從客戶的角度出發，他最在意什麼（成本、外觀、安全、品質、工期？），其他同業都做什麼、怎麼做？最後聚焦到視點，最需要跟客戶溝通的是什麼？客戶每次經常提醒、反覆強調的是什麼？我要如何深入他的問題、再多提問哪些問題，才能更瞭解客戶的需求？

好提問引發思考，也有助於回答

一般人日常溝通遇到的最大痛點，就是對話難以延續，很快劃下句點。我在提問力工作坊一開始，都會先問學員，為什麼提問力很重要？大家在現場都會想很久，無法快速回答，偶爾會有幾位學員回答「很重要，因為這是重要的溝通能力。」再來就講不出更多內容。

這就是句點。接著，我再問第二個問題，什麼是好問題？大家會想一想，講出各種答案，但是只能講出簡單幾個字，很難再多說更多內容。

還是句點。我繼續問，什麼是壞問題？大家也是要想很久，才能勉強擠出答案，都是短短的、不易侃侃而談。

這三個問題都容易引發句點，因為對方不好回答。大家想想看，問題出在什麼地方？大家是否留意到，我的問題太過抽象，因而不易回答。正如同「提問力為什麼很重要」這個提問，這個問題沒有明確的範圍讓大家思考，無法幫助大家從腦袋中捕捉自己的經驗與想法。另外，什麼是「好」問題？「好」這個字太抽象，不夠具體，每個人經驗中的「好」都是不同的，也導致大家不易產生連結，很難具體化成為眾人理解的問題，「壞」問題的「壞」也是這個問題，什麼情況才是壞？

提問不清楚，回答就不清楚。就跟打桌球一樣，你發一顆難以回擊的球，別人就會漏接失誤，提問目的是讓溝通的這顆小白球可順利來回彈動，帶動溝通更順暢。

你的提問能力好壞，反映於別人是否能夠好好回答。別人若沒有給出好的回答，往往是提問者自己的思考表達有問題。

剛剛第一個問題「為什麼提問力很重要？」如果換成「擁有提問力的好處是什麼？」各位讀者會怎麼回答？大家可先嘗試說說看。

經過調整之後，這個問題對你來說是否變得比較具體？因為我把提問改為「好處」，請回答者要往好處去想，當問題有了具體方向，就像是用一個具體的水管去接你的大腦，你的想法就容易引導出來，更容易侃侃而談。

第二個問題「什麼是好問題」，我換個方式問：「什麼問題會讓你會思考、也樂於回答？」

我接上兩根水管，「會思考」與「樂於回答」，如此問題就有方向性了，對話者也比較容易動腦思考與回答。

「什麼是壞問題」，這一項我改成「什麼問題會讓你不想回應？」大家聽到之後，是否浮現一些不想回答的個人經驗與畫面？有了想像與連結，自然容易幫助你回答這個問題。

提問的方式一改變，原本想問的問題就產生變化。這個變化就是具體，和聽者容易產生連結，比較容易想像，也就更好回答。

以觀點力來經營好提問

再以閱讀為例。若有人提問「想知道你對閱讀有什麼看法？」大家通常只用四個字回答，例如提升思考、增廣視野、幫助想像，甚至幫助睡眠……。

這當然不是一個好問題。因為「閱讀」這個字眼太廣泛，沒有範圍、不夠具體。問的到底是讀書、還是滑網路文章？我們想改善這個提問的內容，就要回到如何產生有觀點的問題組合來思考。

我們必須先思考提問的目的。首先，是在什麼「視野」脈絡下來問這個問題？是關心閱讀人口減少，還是想了解數位時代的不同閱讀方式，或是疫情居家期間大家都讀什麼書？接著，轉移到「視角」，想知道對方對閱讀的看法，是想了解這個人的個性、關心的主題，還是知性生活？

最後則是「視點」，如何讓問題聚焦、反映

觀點	作用	問題舉例
視野	釐清問題的脈絡與目的	關心閱讀人口減少？想了解數位時代的不同閱讀方式？或是疫情居家期間大家都讀什麼書？
視角	換位思考	透過對方對閱讀的看法，了解這個人的個性、關心的主題，還是知性生活？
視點	聚焦問題	請問你都讀什麼類型的書？你喜歡哪類的書？你喜歡看書嗎？你都看什麼書？

表6-1運用不同觀點發想問題組合：以閱讀為例

出我們的目的。問題若是抽象模糊，就容易帶來抽象模糊的回答，因此必須把高深的問題，轉換成接地氣，貼近對方能理解、感受的問題。

當我們把提問的內容更具體地改成「書」，就是一種特寫的「觀點」。例如，請問你都讀什麼類型的書？你喜歡哪類的書？你喜歡看書嗎？你都看什麼書？

但以上這些問題還是太模糊。對方容易只回答三、四個字，很難延伸更多內容。

如果把提問改成：在二〇二一年五月全國警戒升級期間，我們幾乎都待在家不能出門，這段時間你閱讀過哪些書，能否推薦其中三本好書，也說明推薦理由？

這樣的提問加上了時間範圍，加上三本好書與推薦理由的條件限制，對方就比較容易回答，也更能了解他們對閱讀的看法。

我常會在課堂上問類似的問題，像「請你推薦這一年內閱讀過的三本好書，以及理由」，得到的回答都非常踴躍，提出的書五花八門、非常多元。

例如有人關心養生、有人注意理財、有人看重心靈

修改前	修改後
想知道你對閱讀有什麼看法？	**時間與情境：** 在二〇二一年五月全國警戒升級期間，我們幾乎都待在家不能出門。這段時間你閱讀過哪些書？ **特定數量和理由：** 能否推薦其中三本好書，也說明推薦理由？

表6-2運用條件限制來修改提問：以閱讀為例

層次的文學，也有不少勵志、療癒的書，大家都能侃侃而談，舉出的這三本書對他們的影響。我們透過這三本書的內容，加上對方說明推薦理由，大概就能歸納出對方目前關心什麼、對人生或世界的看法，甚至透過更深入的提問，進行更多溝通與交流。

但提問時為什麼不是一本書，而是三本書？難道不能推薦五本書？如果是一本書，對方反而有壓力；因為要從眾多書籍當中挑出唯一的一本，非常難抉擇。另外，如果他想取悅你、或是展現自己的博學多聞，而選了一本知名的書，這樣反而很難進行更多交流、也不能獲得更多有關對方的情報。如果是五本書，這問題又太強人所難了，我們可能一年讀的書很有限，要談五本書，等於花上更長的時間表達，難度更高。三本書不多也不少，既能大致了解對方的想法，也不會給太難的門檻。

好問題四象限

我列出了好問題四象限（參考圖6-1），橫向兩端是目的明確vs.模糊，縱軸兩端是內容具體vs.抽象，以此劃分出四個象限的問題。

讓我們先由左方開始討論。第二象限是具體而模糊的小問題。因為都是很瑣碎、芝麻綠豆的問題，雖然具體、卻不知道問這個問題的目的是什麼？例如你們今天早上有刷牙嗎？問題很具體，但是目的很模糊，讓人不知該如何回答。

第三象限是抽象而模糊的怪問題。目的不清楚，可能是希望啟發他人，但是問題的內容過於高深抽象，導致難以理解，又脫離經驗太遠而無法想像。比方說人有意志嗎？人可以擁有自由嗎？這類型比較像哲學問題，但如果沒有轉化成具體問題，不易理解與回答。

第四象限是目的明確、但問題抽象的大問題。比方有人問「台灣未來有希望嗎？」「世界會和平嗎？」這樣的提問目的很明確，是希望有未來、世界會和平，但是問題範圍太大、太廣，對方往往不知該如何回答，只能回答有或沒有，屬於一種封閉式問題。

第一象限是具體而明確

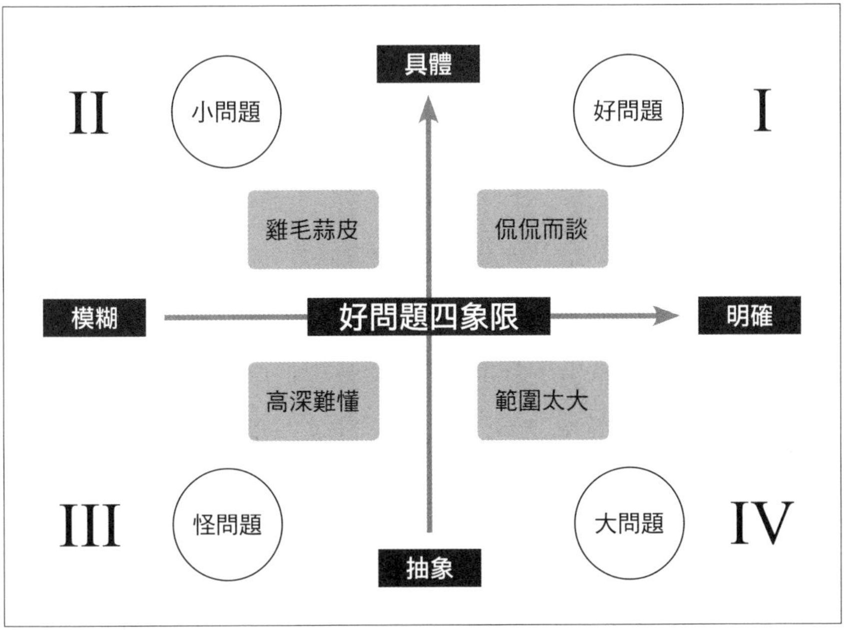

圖6-1好問題四象限

的好問題。像剛剛提到你對閱讀的看法，就是大問題，重新轉換成在疫情期間，推薦三本閱讀的好書與理由，就是具體而明確的好問題，讓他人好回答，且能侃侃而談。

從視野、視角到視點的觀點力，讓我們更具體去思考5W1H的問題，愈來愈聚焦，找出想要問的問題，結合成一個問題組合。接著我們再將抽象模糊、不易思考，不易讓人連結的問題，重新包裝成具體而明確的問題，就能幫助大家更容易思考與回答。

好問題才能讓對話更生動有趣，幫助對方能好好說出自己的想法與經驗，才能再透過追問增添很多細節，讓內容能更完整豐富。

提問練習

如果你今天是面試新人的主管，希望從談話內容了解新人的個性、專業與工作經驗，請練習提出三個具體而明確的好問題，讓新人可以侃侃而談，掌握充分的訊息，作為徵選的判斷。

問題1：你會問什麼問題，藉此了解他的個性，判斷能否融入團隊之中？

問題2：你會問什麼問題，藉此了解他的專業能力？

問題3：你會問什麼問題，藉此了解他解決問題的經驗？

第七章

如何問出好問題？

——好問題三原則

上一章我們了解好問題是具體而明確，讓他人容易理解、也好回答，我們這章要更深入探討，問出具體而明確的好問題，有哪些依循的步驟和原則。

我在教學提問力工作坊要求學員課前先閱讀《風土創業學》，從內容來發想五個問題。以下是一位在高商教經濟學的老師提出的問題，大家可以想想這些問題有什麼需要改善之處。

學員版提問1.0版

❶ 您定義的「風土」是什麼？
❷ 您眼中最有價值的風土資產是什麼？
❸ 您訪問或協助過只想要獲利、卻不願投入資金的業者嗎？
❹ 如果真的遇到這樣的業者要如何協助他？
❺ 如遇到不認同您做法的業者，會試著與他溝通嗎？或者就放棄呢？

解析

❶ 我在書上其實有說明「風土」的定義，如果跳脫書本的定義，這個問題就太廣泛了，不易回答。

❷ 一時想不到，難以回答，因為沒有安排更具體的問題，像水管一步步引導出我自

己的經驗，產生具體思考。

❸ 沒有，這是封閉式問題。

❹ 因為沒有這個經驗，所以這個問題就無法回答。同時不知道這個問題的用意，好奇為什麼想問這個問題。

❺ 會進行溝通，不會放棄，但是這個問題很容易產生句點，講完幾句話就沒內容了。

她提出的這幾個問題，前兩題不夠具體明確，後面三題雖然具體，卻跟前兩題無關；因為問題的內容從風土、風土資產，突然跳到業者的層次，落差太大。而且這三個提問屬於封閉型，不易讓對方多作說明。第三與第四題也讓人好奇與納悶為何提問，是否提問者有類似的經驗，還是討厭「奸商」？

我舉這個訪綱為例，希望強調：大問題要拆解成具體的好問題；問題之間必須貫穿銜接，有層次秩序；太複雜的問題，要調整成為簡潔易懂的問題。

我整理出三原則，讓大家懂得如何問出好問題。第一是三S要素、第二是拆解大問題變成小問題，第三是問題要由淺而深。

原則一：三S要素——設定範圍，聚焦問題

我們在提問時，希望每一個問題都要具體而明確，這時就需要先設定範圍，並且聚焦

想問的問題，增設三種S水管。這類似《精準寫作》提到的「重點力三S原則」，要讓讀者好懂、好記與好理解。三S包括：1.簡單（Simple）：問題要簡單，不要讓人聽不懂，也不要賣弄個人專業。2.簡短（Short）：問題要簡短，三十秒內要把問題講完。3.具體（Specific）：問題要具體明確，包括人事時地物都簡要說清楚，產生具體的經驗連結。

1. 簡單：讓人理解問題

提問最怕假提問、真賣弄。有些人在提出問題跟他人討論時，用了很多專業術語，好像很怕別人不知道你的專業，但是這些術語常常讓人聽不懂，也阻礙了理解問題是什麼。通常學術圈的人、在某個專業領域待太久的人，或是不太理解他人感受的人，容易在有意無意之間出現這個問題。

其次，有些人把問題講得很複雜，或是一次問了好幾個問題，讓對方完全聽不懂，或是記不住你到底在問什麼，這個提問就失敗了。

提問不是質問或辯論。提問的目的不是刻意要去駁倒他人，而是真心誠意想知道對方的想法。因此，要練習把問題變簡單，簡單才能幫助他人記住你的問題。

2. 簡短：容易記住你的問題

常常有人一次問很多問題，或是把問題陳述的很長，其實都不是在問問題，反而是在講自己的事情。我就常在演講現場，遇過對方講了一兩分鐘的話，先讚美你，接著講自己的感想，或是自己的事情，幾乎沒有問問題。我就會問，所以你想問我什麼，此時對方才恍然大悟，開始說「我要問的是……」。也有人問很長的問題，問到後來我也忘了他到底在問什麼？

這個問題，在於提問者沒有想清楚自己要問什麼。以至於邊講邊想、邊問邊想，結果愈講愈長，連自己都不知道要問什麼，當然被問者也不知道你要問什麼。

我習慣用引導方式回問對方，你是不是想問我這個問題，還是問另一個？對方被我整理重點之後，才可能比較清楚自己想問什麼。

因此，把問題想清楚，變簡單之後，記得要問的短，最好三十秒內把問題陳述清楚，對方才會記得你的問題。如果需要陳述問題脈絡，就是十五秒內講完，接著用十秒鐘講完問題。此外，一次只問一個問題，問了三個問題，通常他人只會記得最後一個問題。

3. 具體：加入人事時地物元素，讓問題具體而明確

好問題是具體而明確。大部分人的問題都太抽象，沒有站在對方立場想。例如我的課堂上有許多國小、國中、高中甚至大學老師，他們上我的課程時，角色變成學生時，才發現平常教學過程中以為的具體並不合格，導致對方聽不懂問題，也就很難清楚回答。

何謂具體？就是之前我們經常提出的5W1H方法，有個時空範圍，以及有明確的包含人事物發生的事件，讓對方可以產生聯想，從自己的專業與經驗中提取腦中資料庫來回答。

通常老師、主管或資深前輩最容易犯下問題不具體的失誤，導致學生、下屬或員工聽不懂，因為雙方經驗不同、專業度不同，具有權威的提問者就必須自我調整，以對方聽得懂的方式來提問。

原則二：問題拆解——大問題拆成小問題

當我們提出的問題太大時，對方的回應就容易變成句點，或是大腦當機，不知該如何回答。我們必須將大問題拆解，變成一個一個好理解、容易回答的小問題。

記得我在上一章用水管來比喻，我們很難光用一根超級大的水管，就把溫泉直通到你家，除非你要問的是個是非題、選擇題，否則很難一個大問題得到大答案。

我們拆解問題之前，要先找出最好奇、最關心、最想問的問題。這很類似上一章視野、視角與視點三階段的焦距調整，運用5W1H來思考，包括你想提問的對象（Who），最想問他什麼問題（What）等等，列出這些問題之後，從中找出最重要、最想問的問題，也就是主題、甚至是找出難題的問題意識。

比方，主管想了解員工最近表現不太積極的原因。「表現不積極」是抽象的說法，需要有幾個行為指標來呈現，例如業績不佳、或是開會時常常心不在焉、不夠投入？常常遲到早退？簡報或撰寫報告的內容不夠仔細完整？甚至是觀察到上班時有出神發呆的情況。

你可以從這些觀察中找出一個問題切入點。哪個指標是你最在意、想溝通的情況，可以列出一到三個，再思考哪個是最想溝通的主題。

例如，員工的簡報表現，不論是在口語表達與內容上都不如過去水準，你想知道發生什麼狀況、遇到什麼問題（what），背後的脈絡（where&when）、被誰影響（who）、可能的原因（why）、希望如何改善（how），這個主題比較具體可以溝通。

你需要把大問題拆解成小問題，例如能用三到五個問題傳達這個大問題。透過小問題的累積，才能回答你最想知道的問題。

你可以用便利貼寫下想到的各種問題，然後再來思考如何聚焦，透過提問來瞭解同仁簡報表現不佳的原因。

你需要先以去年、或是前幾次會議的簡報表現，作為具體指標來比較。比方同仁提出的數據很豐富、有來源出處，簡報的主題很清楚、查詢的資料、訪問的對象，都有清楚的訊息。

有了對比，才能針對這些具體指標，幫助同仁思考與比較過去與現在的簡報表現。

其次，思考同仁表現不佳的個人原因，例如是工作繁忙、人際關係、家庭，還是其他可能因素。

這些考量點就是去拆解問題，把問題從大變小的過程。

好提問也是好思考。透過提問能釐清問題，也能整理與思考，因此，大問題不易思考，拆成小問題反而能幫助聚焦，仔細思考。

原則三：由淺而深——打開你的調頻天線

第三個原則是打開你的調頻天線，去感受他人對問題的感受與認知，再由淺而深調整問題順序。

當我們整理出最想知道的問題，以及拆解問題，讓問題清晰具體之後，再來要作的，是將問題排序，根據對方可能的回答、以及難易程度來調整問題順序。

提問力的態度與目的，在於產生好對話，增進思考、達到有效溝通與理解。因此，提問者是綠葉，被提問者是鮮花，提問過程是配合對方，讓對方能夠思考、整理、釐清自己的想法，或是釐清彼此的認知，避免誤會，達到更好的理解與溝通，也能找到問題或需求。

有時候主管個性急、老師、父母急著找答案，卻忽略與對話者（下屬、學生、孩子）之間有知識、經驗或是個性落差，需要配合對方的節奏去進行，才有可能問出真心話，或是了解真正的需求。

如果你的個性比較急，提問時要練習配合對方的節奏，記得要慢下來。有時候對方沒有馬上回答，也不要急著問下一題、或是反覆問同個問題，他可能在想、在思考，當然也可能是你的問題太抽象、順序不對，當然很難回答。

我在提問力工作坊都會以我自己為採訪對象，請學員實作演練。當他們提出了太大、太抽象的問題，我就直接說我腦袋空白，沒有想法，因為問題不夠清楚，請他們修正。有時候學員可能太緊張了，問的問題又急又快，我還沒想好，對方一緊張，馬上又問下一個問題，製造雙方緊張的氣氛、都屬於不好的提問節奏。

我們要練習打開自己的調頻天線，去配合對方的思考速度，協助整理他的感受與思考。因此，要站在對方（who）的角度，練習觀點轉換的能力，也可說是變色龍、或是附身在他人身上的能力。練習去想像對方冰山以下的情緒、觀點、期待與渴望，來思考自己的提問對方能理解嗎？他能好回答嗎？根據我對他的觀察與認識、或是資料收集的過程得到的印象，他可能最在意什麼？

嘗試整理自己的問題組合，站在對方角度，自問自答練習，好不好回答？要如何調整問題。

整理問題的步驟

我建議大家用以下的三步驟來整理問題：

1. 先發散、再收斂

使用便利貼來幫助自己發想問題，接著每個問題都唸給自己聽，思考當事人的感受會是什麼？他聽得懂嗎？又會怎麼回答。

2. 整理問題的順序

運用便利貼將這些問題排序，從最好回答、最具體、最容易聯想的問題優先，比較難、需要想很久的問題排後。問題必須由淺而深，才能幫助對方思考暖身，以免一開始就當機，造成無效溝通。

3. 構思整體的問題

將問題都排好調整之後，再思考整個問題加總起來，是不是我最想問的問題？是否有我的問題意識，每個問題都能達到具體而明確的好問題標準，同時在口語表達上，都具有三S要素、大問題都被拆解為好思考與回答的小問題，以及由淺而深的順序。

好的提問者必須是個好的傾聽者。提問前，讓我們先用想像力傾聽他人的內心吧。

最後，讓我們回到一開始高商老師擬定的五個問題，思考有哪些需要調整的地方。經過提問力課程之後，這位老師重新改寫她的提問，變成2.0版。我們來比較分析兩個版本的差異，看看調整後的內容是否符合了三S原則、大問題拆解成小問題，以及由淺而深的順序？

學員版提問2.0版

❶ 風土餐桌小旅行、風土經濟學、風土創業學號稱「風土三部曲」，請

問您當時是如何發想出「風土」這兩個字呢？當時還有沒有其他發想呢？

❷ 在您風土創業學中有提到「風土創業家」這個名詞，請問您什麼是成功的「風土創業家」？

❸ 一位在澎湖土生土長的漁村青年，他懂得出海捕魚、對家鄉的海洋生態十分熟與熱愛自己的家鄉，您認為他還需要具備什麼條件才能稱為「風土創業家」？

❹ 台灣疫情過後的報復性消費，除了為業者帶來商機外，對於風土資產的保存會有什麼樣的影響？

❺ 在《風土創業學》這本書中有提到十二個應用故事，如要增加高中生對自己成長土地的認同，您會建議分享什麼樣的故事？

解析

❶ 對比1.0版本，將風土再聚焦到我的三本著作，問題簡單、更具體。

❷ 接著將「風土」再延伸到風土創業家，更為聚焦。

❸ 再從風土創業家聚焦到澎湖，同時也說明除了熱愛海洋生態與家鄉，還需要什麼特質，讓我更有想像連結，更好回答。

❹這時候再拉到省思，把比較難的問題放在第四題，又能扣連到前三題，但這裡可以讓自己的問題再更具體，以澎湖為例，對業者帶來商機，對風土資產保存會帶來什麼影響，我更容易針對澎湖來分析說明，又能扣連第四題。

❺因為提問人是高商老師，會特別關心高中生，這題也鎖定對象，讓我可以針對高中生來思考與回答，不至於泛泛而論。

提問力是思考力，也是換位思考的能力。好提問不是要擊垮對方，而是好好對話與溝通，這時我們就需要透過提問幫助對方好思考、好回答。

提問練習

請你根據好問題三原則，以這本《精準提問》的內容為例，提出三個訪問作者本人的問題。

PART III

技巧篇

SKILL

如何展開提問？
四個提問力技巧

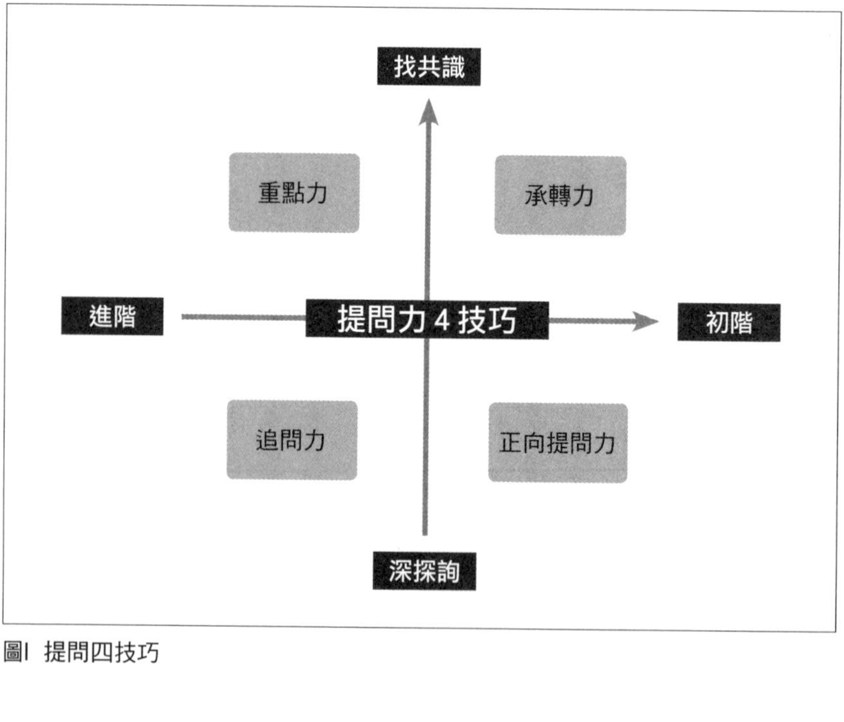

圖1 提問四技巧

好提問不只是有觀點的問題組合，也是一個循序漸進的過程。第二部基礎篇強調如何構思好問題，做好溝通的事前準備，第三部技巧篇則強調在提問過程中，不同能力組合的交互運用，能夠問出好問題，進行深入溝通與對話。

接下來的幾章，我會透過四個提問技巧（參考圖I），分別闡述承轉力、正向提問力、重點力與追問力，一開始有順序關係，再來能根據情況交互運用。

在進入提問力四技巧之前，我想再次強調心理學家康納曼提出的概念「快思慢想」。他將人類思考分成系統一的快思，與系統二的慢想，這個概念跟提問力四階段有密切關聯。

提問者是綠葉，受訪者才是鮮花一樣的主角。提問者無論是在先前的準備工作，還是提問當中，始終是運用系統二的慢想；相對地，受訪者都是處於系統一的快思，透過直覺反應去感受提問的問題與情境氛圍。在這個過程中，提問者要持續打開感受天線，運用AAAR對話四循環的態度，同時結合提問四技巧來與對方互動。

我們提問的目的是獲得好回應，因此需要建立起對話關係與信任感。提問者的提問順序，是先以聽者的快思為主，再透過提問四技巧幫助對方逐漸進入慢想，釐清自己的觀點、情緒、期待與渴望。

第八章

承轉力

——建立信任感與答話感

電視新聞中，經常會有一群記者對著當紅的新聞人物拋出各種問題，比方問你的感覺如何、你有什麼想法、你承認嗎、你要不要道歉？

這些問題都非常直接尖銳，大多數的人都不做理會。而記者提問的目的，也只是想用驚悚字眼去刺激對方，看能否撞擊出一些更聳動的話語，可以當成炒作新聞的內容或標題。

事實上，我們平時的提問也會不自覺地犯下這種錯誤。我們開口沒有任何修飾、直接就拋出問題，忽略當事人的內心感受：「為什麼我要回答你這個問題？」「憑什麼我要回答你？」我們沒想過，不是自己問了問題，對方就需要回答。

有一次，一本製作地方刊物的編輯團隊來信，針對當期的主題「社群」，邀請我談談對「地方社群」的看法。信上列出的短訪大綱如下：

訪綱1.0版

❶ 先聊聊何謂「社群」，虛擬和實體，社群的定義和功能分別是？

❷ 你認為社群中最重要的角色是？

❸ 承上題，凝聚眾人的關鍵因素是什麼？

❹ 以臺灣來說，你會如何歸類地方社群？（地域、產業、族群、愛好……等）

❺ 就你觀察，哪一類型的社群羈絆力最深？或最有潛力？
❻ 聊聊你最近觀察到的有趣社群，分享一個有趣的例子。

如果是你收到這封信，會如何回答這六個問題？

這份訪綱一開始就讓人看不懂，因為既沒有說明「社群」，指的是流行的網路社群媒體、還是社會學定義的社群，也沒說明「地方社群」的意涵。加上訪綱沒有具體提出想了解的難題，導致沒有一個觀點來貫穿問題組合；每個問題沒有聚焦在「地方」，也缺少5W1H的元素，讓受訪者可以想像與連結。

但以上這些，都不是這份訪綱最大的缺點。我在教學提問力的課程上，以這六個問題為案例讓學員思考，哪些地方值得檢討與修正？大家的回應包括：這是一份沒有事先瞭解訪談者的訪綱，問題沒有從洪震宇老師的個人經驗切入，似乎問誰都可以，但是都很難回答。訪談者看到這份問題，會不懂提問者的目標，也沒有被重視的感覺。

這份訪綱凸顯了一般人提問的痛點。提問力最難的不是問問題，而是對方為什麼要回答你？如果一開始沒有建立連結與信任感，再好的問題、再好的提問力，幾乎都使不上力。尤其遇到陌生人，或是彼此不夠熟識，雙方的位階、經驗與專業，甚至文化背景都有落差時，該如何建立談話的意願與信任的氛圍？

因此，這章我們就從如何建立好的對話關係開始談起。

承轉力，創造「Like感」

我們一定都有這樣的經驗。拜訪陌生客戶、或是跨部門溝通，老師跟家長溝通，主管跟新來的部屬溝通，甚至新官上任，與同事面談。因為彼此可能不熟悉，對方不了解你的來意，甚至還會有些緊張。要如何開啟話題，讓對方放心、願意跟你多聊聊，認真回答你的問題，是一個大挑戰。

就像第七章談到好問題要由淺而深，一開始都是明確好回答的問題，但是許多互動狀況與情境氛圍的變化，讓我們很難照事先準備好的問題走。

我們該如何面對這種挑戰？在談話開頭的熱身階段，需要運用承轉力。承轉力在於先承再轉，先用提問或閒聊方式，廣泛了解他人的狀況，收集資訊，接著機動調整問題，再慢慢導入正題，或你關心、想要問的問題。就像開車是根據路況持續修正方向盤，而非讓車道順應我們，我們的提問是要持續貼近對方，讓對方好說話，找出建立彼此連結的方式，並適時拉回主題，不要忘了當初的提問目的。

承轉力該怎麼進行？我提供三個做法，讓大家可以參考。第一是先向上歸類找連結，創造「Like感」；其次是運用鏡像反映（mirroring）法有效接話，持續帶動話題；第三是運用4W1H方法，在對話中收集與歸納重要資訊，找出後續可提問的問題。

英文的Like有兩種意涵，包括喜歡與類似，這也是康納曼提到系統一的直覺感受，問話時，不讓對方心生討厭，也不會出現冷漠、不舒服的反應，甚至會喜歡提問者的語氣、樣子，願意分享個人的心情與想法，才可能建立後續溝通的好連結。

另外，人也喜歡跟自己相像的感覺，例如同年、同個家鄉、學校、社團、嗜好、興趣與品味，或是共同的朋友，會產生一種微妙的熟悉感，有些共同的話題，都能成為交談的潤滑劑。

承轉力首要就是透過系統一的感受，找尋彼此的交集，擴大連結、降低陌生感。這是事前得做好的功課，更需要在現場根據環境、對方模樣、交談中獲得的情報，找尋可以交談的話題。

比方對方辦公室的擺設、裝飾，都會透露許多情報。如果是家人合照的照片，可以透露出地點、人數與情境，如果是獎牌，可以發現是業績競賽、運動，或是什麼比賽，甚至書櫃上的書、桌上正在閱讀的書，這些都是寒暄與發問的暖身話題，讓對方打開話匣子，聊自己熟悉的、喜歡的、開心或自豪的內容，降低彼此的陌生感。

另一種是製造提問者的話題，提高對方的興趣。比方帶自己選擇的小禮物，或是公司產品、海報或文件，先簡單說明內容特色，引發對方的好奇與興趣，增加交流討論。

這個時間不用太長，五到十分鐘的時間，先「承」再「轉」，找到連結點，再順勢帶入今天要談的主題。切記這只是開場，不要忘了真正的主題與目的，但是沒有建立連結的「Like感」，後續的氣氛會比較乾澀與嚴肅，不利溝通。

再回到地方刊物想採訪我的這個主題。如果他們願意修改訪綱，找到適合我的切入點，還是會給他們機會。我寫了回信，摘要如下：你們附上的訪綱，我並不太了解，因為強調「社群」，不太了解你們的定義。我最近出版新書《風土創業學》，如果你們從《風土經濟學》與《風土創業學》萃取出關於「社群」內涵，結合你們想傳遞的內容，再列出我能夠回答的訪綱，彼此比較好溝通。

我甚至還附上一些在幾個地方（跟他們有關的區域）開工作坊的內容，請他們參考相關活動的粉絲頁，指引他們做功課、修改課綱的方向。

我直接在信上說明期待，也就是要去創造受訪者內心的「Like感」。雖然訪談過程不一定完全按照訪綱內容，訪綱卻是一個敲門磚，如果受訪者沒有獲得重視的感覺，面對提問者的用心，依舊會關上溝通大門。

鏡像反映，創造表情與肢體的契合感

大家有沒有想過，在提問與溝通過程中，要如何接話與答話？提問不是一問一答，不像審訊犯人或議員質詢，而是要維持對話的流暢感，就像讓桌球來回持續地跳動。

好的接話應對是提問力的重要基礎。以前當記者時，有時跟同事一起聯訪，當同事提問時，我會在一旁觀察。會注意到一個小問題，同事回應的方式很固定，都是「嗯哼」，然後悶著頭寫筆記，沒有注意受訪者的表情。我提醒自己，如果都是固定不變的回應方式，對方其實會有疑惑，你有聽懂我的話嗎？難道對我說話的內容，沒有任何想法？我也期待你對我說話內容的反應或回饋。

這是一個無法言說的重要訊號，就像打桌球的餵球員，目的是讓對方持續不中斷地有效來回擊球，如何有技巧地送球到對的落點，讓對方好揮擊，也是承轉力的重點。

還在當記者的我開始思考，要如何有效回應對方？尤其我常去中南部跑中小企業與工廠，甚至也採訪工藝師傅，大部分的人習慣做事，並不擅長表達，遇到記者特別緊張，也缺乏自信。我不能急著一直發問，反而要運用各種回話方式，表達我的理解，並用正面肯定態度鼓勵他們多講一點，製造對方更有意願說話的答話感，維持良好的談話氣氛，我才能完成採訪工作。

第一部觀念篇提到AAAR的優質對話四循環，除了提問與積極聆聽之外，如何覺察與回應，更是讓對話延續的重點。如何覺察與回應，神經生理學有一個「鏡像神經元」理論，很值得參考。

一九九二年，一位義大利神經生理學者里佐拉蒂（Giacomo Rizzolatti）和團隊試圖瞭解更多有關大腦如何協調手部肌肉抓取東西、握住東西的知識，他們利用植入獼猴大腦中的電極，監看大腦的最小組成單元——神經元，觀察這些神經元何時會「被激發」，傳遞訊息到大腦各區塊及身體其他部位。

有一天，研究團隊在實驗室吃午餐時，注意到猴子只是看著其中一位科學家把食物送進自己的口中，此時，猴子的神經元竟被激發了。他們很快意識到，這正是猴子「有樣學樣」的寫照。里佐拉蒂和團隊發表了他們的發現，將這些細胞命名為「鏡像神經元」

（mirror neurons）

鏡像神經元讓人類從出生開始，就能透過觀察並鏡射大人某個動作、行為或情緒，然後藉著同步化我們腦中的影像，來複製動作、行為、情緒，逐步學習與成長。《大腦的鏡像學習法》指出，這種鏡像思考的能力，讓我們有能力理解與詮釋他人的意圖，也可以理解別人的期待與動機。

承轉力也是一種鏡像思考力。鏡像思考的能力，讓我們面對陌生人、不熟悉的人，也可以在溝通、磨合的過程中，快速應用這種思考與感受能力，去建立自己的承轉力。

該如何將鏡像思考力應用在承轉力？我們要練習同步承接、模仿他人說話的重點與語氣，讓對方明瞭我們正努力跟他連線。例如當他人講完一個段落之後的最後一句話，我們可以重述這句話，讓對方確認我們有聽到、且能感受他話語的訊號，讓他能繼續說下去，不用停下來頻頻解釋。

這是一種**支持性的回應**。比方說「因為……所以那陣子我幾乎無法睡覺。」我們可以承接與複述這句話：「無法睡覺。」「我認為這屆東京奧運，台灣的運動選手都值得我們肯定。」可以接：「對，值得肯定。」這個接話法不是代表認同與支持，而是你能掌握到他說的重要訊息，也理解他的看法或感受。

要提醒不要太快回到自己想問的問題，或是急著發表個人意見，這就屬於**移轉型回應**，目的是轉移到自己身上，變成將話題偷走的小偷了，對方的感受會很不好，也失去溝通的目的。

除了接話，還可以延伸另一種鏡像反映。當我們面對面溝通時，提問者的神情、肢體語言與反應，都會影響對方的敏感直覺（系統一）。如何讓對方有安全感、不會擔心自己講的話很無趣、沒有重點，能夠可以侃侃而談，我們這方就要像鏡像反射般，讓對方有如在鏡子前看著自己的熟悉感，才能建立信任感。

既然是鏡射，我們的感受、表情與肢體語言，就要跟對方同步，隨著話語內容、情境氣氛來變化。對方談到比較沉重的內容，表情深鎖，我們的神情也要跟著凝重，代表有接收到他的情緒訊息。如果對方開心、語調高昂，神情輕鬆，我們也隨之如此展現，回話的聲調也跟著高昂。對方因為深思而身體前傾，我們的身體也隨之前傾，對方身體往後舒展，我們也跟著舒展，對方拿起杯子喝水、喘口氣，我們也適時喝口水。

用心去觀察與感受對方的表情、聲音變化與肢體語言，往往傳達的訊息比話語更微妙與重要。「我們的溝通有九〇％靠非語言訊息，其中又有三八％的非語言溝通是靠著音調傳達。仔細傾聽，你可能在音調裡，比在文字裡聽到更多的訊息。」精神醫師海倫．萊斯（Helen Riess）在《我想好好理解你》根據研究報告，強調非語言訊息的重要性。

鏡射思考與感受力，需要全然的專注與練習。但是切記，不能跟對方的情緒感受、話語內容有著不一致、甚至相反的狀況，而是能投入這個對話情境，運用話語、肢體與神情，創造肯定與接納的氛圍，讓對方能好好說話。

收集4W1H重要情報

承轉力除了建立連結與信任感，透過話語、神情與肢體來營造氣氛外，還有一個重要的「轉」的任務，也就是：在對話中要努力收集客觀事實與情報資訊，將這些重要訊息融入在下個階段可提問的問題中。

當我們聽到對方經常提到的專有名詞，或是特殊事件與經驗，以及具有情緒感受的字句，代表他特別重視這些事情，他對這些事情特別有情緒感受。如果對方沒有說明清楚，或是說太快，我們就需要運用4W1H提問法來釐清、確認這些內容，來了解整體狀況與來龍去脈。

之前提到5W1H的方法，在承轉力這個階段，我們需要提醒自己不能問「為什麼」（why）。為什麼呢？下一章會說分明。

舉個例子。如果對方說：「我們去年暑假去了台東，發現台東的海好美喔！」請問哪些才是關鍵字？暑假、台東、還是海好美？

出現情緒的關鍵字是海，因為「好美喔」是一種讚嘆、開心的情緒，這比其他訊息還重要。我們該如何接話，能夠更深入了解對方的想法？如果接著說「我也喜歡台東，台東的海真的很美。」這種支持性回應，讓對方可以繼續說下去。

萬一對方沒特別說出什麼內容，我們就可以用4W1H提問法讓話題繼續下去。例如：我很想知道你是在台東的哪裡（where）看到海？什麼時候（when）最美？那裡還有什麼好風景或美食（what）值得推薦？台東火票不太好訂，你是怎麼（how）去台東的？搭火車嗎？還是自己開車。暑假去台東玩，是跟家人（who）一起去嗎？

因為涉及隱私，跟誰去（who）最好晚一點再問，或是等他自己說。其他資訊都是客觀事實，都不涉及隱私。透過接話式的提問，能讓對話的整體內容更完整，也大概了解對方的喜好、個性與價值觀。

承轉力最重要的目的，是建立連結、營造好的互動關係，成為有效對話的基礎。因此，這個階段不是急著問問題，反而是為了問問題建立穩定基礎的過程。

讓我們回到一開始地方刊物編輯團隊的訪綱。我寄出信三天後，團隊也回覆說明「社群」的定位：「我們希望將社群的意義拉回『人與人之間』真實的交流。畢竟在這些看不見、摸不著的連結背後，都是由真實的人物網絡所串聯起來。」他們也嘗試把提問與我關心的主題扣連在一起：「如此一來，社群似乎與地方風土、地方創生的起心動念不謀而合。不論是真實的社區或虛擬的網絡，都可以被觸碰、都是存在的，因為本質上，經營社群的，皆是創造出這一切、核心的『人』，這也使得社群並不如想像中那般遙遠縹緲。往後我們在處理專業名詞時，會更審慎小心，避免造成誤解與混淆，也再次感謝老師的建議，讓我們有機會更進步！」

大家不妨看看他們提出修改後的訪綱：

訪綱2.0版

❶ 老師您在《風土經濟學》一書中，提及要在地方創業，需用複眼新視角看待，並說到「局外人的思維，往往才是創造風土經濟學的關鍵」。想由此段落延伸詢問老師，能否先請老師多分享一些有關書中提及的「局內人」，在初回鄉的時候，是否也會面臨與在地人或既有組織磨合的階段，以及如果是「局外人」，要以什麼角度參與地方事務、或是如何才能融入地方？如何避免落入把地方文化「特殊化」、「標籤化」的盲點？

❷ 以老師的經驗，有沒有發現無論局內人、局外人，在與既有組織、在地人互動時會產生的摩擦，以及如何克服？反之，凝聚所有角色的關鍵因素會是什麼呢？

❸ 老師在高雄美濃的個案中提到：「我的初衷並非介入地方組織，而是希望與地方合作。」在地方創生中，介入和合作的異同是什麼？會給地方帶來什麼不同的效果？

❹ 老師的方法論落實到很多的地方案例，這些案例是否可以歸納出共同的特點？（比如，透過食材認識地方會是最容易引起共鳴的？）又或者，這些地方的案例如何被歸類？（比如，地域、產業、族群……

等）

❺如同老師在書中提到的，目前在地方創生的案例中，以日本的案例為大宗。就老師長期的風土觀察而言，可以和我們分享一個台灣在地目前有趣的地方創生案例嗎？它的有趣在於反映出地方的特色嗎？這個案例屬於哪個類型呢？長遠來說，它是有潛力的嗎？

解析

❶❷❸將抽象的社群具體化為地方組織經營上的挑戰，返鄉青年、或是我這個外地人，如何與在地人溝通磨合。

❹❺提出的問題範圍還是頗大，不好回答，但是整體而言，都遠勝過第一版的問題。當我看到他們用心修改訪綱，努力從我的著作找出連結點與提問點，自然會願意花時間接受訪談。

承轉力是鏡像思考的展現，不只是發問，還有觀察、感受，用自己的口語、表情和肢體動作與對方對話。問與答的溝通過程，是一個需要密切合作的雙人舞蹈，如果一方沒有意願、或是舞步亂了，另一方沒有主動協助他調整節奏，雙人舞是跳不起來的。

提問練習

跟朋友聊天時，對方提到自己原本工作太忙，沒時間運動、加上暴飲暴食，造成身體健康狀況不佳，等到疫情爆發大家都居家工作，反而讓她養成每天規律運動的習慣，甚至在家做飯，也改善原本的飲食內容。

問題1：以鏡像思考的支持性回應，你會如何回應對方的這段話？

問題2：以4W1H提問法收集關鍵字情報，你會問什麼問題，讓這個話題能繼續下去？

問題3：對方說，疫情期間，公司有準備線上運動課程，每天中午及下班前都會有同事帶著大家一起在線上運動，讓她每天按表操課，愛上流汗的感覺。請你運用4W1H提問法來延伸這個話題，你會問哪些問題？

第九章

正向提問力

——將問題包裝成他人願意回答的禮物

如果我問大家：為什麼你會想買這本書？為什麼你需要學習提問力？大家覺得這兩個問題容易回答嗎？能否立即給出清楚的答案？

當你被問到「為什麼？」你當下的想法是什麼，有什麼感受？你可能沒有仔細想過這些問題，突然被問到「為什麼」，一時之間很難回答。甚至，你有點說不出來的壓力。

要升小六的女兒，暑假作業之一是練習訪問身邊的人。她決定要採訪我，第一個問題就是：「為什麼你不當記者，要當一位作家？」我笑了一下，說這很難回答，你可能需要換個方式問我，我會比較好回答。

大家想想，女兒問我的這個問題，為什麼難以回答？因為不當記者是一個問題，當一位作家又是另一個問題，當兩個問題放在一起，問題就更大了，很難用一兩句話就能說清楚。

如果要讓這個大問題，變成比較容易思考與回答，我們將需要利用幾個水管，把問題改成好幾個小問題來串連。

為什麼不要問「為什麼」？

基於天生的好奇心，小孩子很愛問「為什麼」，常常不假思索就會問「為什麼」。其實大人也喜歡問為什麼。回想一下，在家裡、教室或職場上，我們通常在什麼情境下，會問「為什麼」？是不是孩子做錯事、不聽話、功課沒寫好，上課表現沒有依照老師標準；

或者，員工在職場上表現不如預期、業績不好，或是績效不佳。

「為什麼」有兩種目的。一種是正向的好奇，想要探索外在人事物，另一種是回溯式的了解原因，多半比較偏向負向的咎責。前者的探問比較模糊不確定，需要仔細思索，不好回答，後者會讓被問者有情緒上的壓力，想逃避這個問題。

從系統一跟系統二、甚至是大象與騎象人的對比角度來說，「為什麼」帶有一種批判質疑的口吻，即使言者無心，但聽者有意，似乎要對方證明、或辯解理由的正當性，造成多數人直覺上會產生自我防衛。而當大象的情緒升起，騎象人想要好好溝通、爭取理性判斷的空間就被壓縮。

《QBQ！問題背後的問題》作者約翰．米勒（John G. Miller）就認為，不正向、缺乏行動力量、暗示某人或某事該負起責任的提問，往往會造成負面與防衛反應，這樣的問題就是「錯誤的問題」。

問「為什麼」通常效果不佳，甚至無法促進理解。法律學者與談判專家的愛麗珊德拉．卡特（Alexandra Carter）在《鏡與窗談判課》指出，「為什麼」是一種回頭看，想確定是誰導致了這個問題，卻也讓我們無法靠近想了解與解決的問題，反而容易陷入一種負向情緒。

她舉例：「為什麼這場談判那麼不順？」「為什麼我的論點沒有改變對方？」「為什麼」是我們咎責時用的問題，不管是怪自己或別人都一樣。「大家想要理解自己的時候，最無效的問題就是『為什麼』。」她強調。

自問自答問正向探索式的「為什麼」，跟問自己為什麼做不好的咎責型提問，以及問他人「為什麼」（不論是正向或負向），目的跟效果完全不同。

問題就在目的，如果提問是一種邀請、拉近彼此距離，提問的心態與方式就會不同。《說理I》的作者傑伊・海因里希斯（Jay Heinrichs）就用修辭學的智慧告訴我們，要解決問題，避免過度爭論，應該多用未來式，而非過去式。

他引用希臘哲人亞里斯多德的看法，如果你希望雙方達成一致，就必須放眼未來。亞里斯多德認為這種溝通屬於**審議性修辭**（deliberative rhetoric），目的是實用性，焦點在於未來「什麼最有利」？因此不侷限在對與錯、好與壞的論辯，而能透過提問與溝通，協助做出雙贏的目標。

相反的，亞里斯多德認為，著眼於過去的修辭，針對的是正義，也就是法庭上進行的司法爭論，他稱為**法庭性修辭**（forensic rhetoric），重點擺在過去的咎責，找出誰對誰錯。

我們常常誤會提問力是把人問倒，才能挖掘真相，這就像北風跟太陽，到底哪一種提問是最有效的溝通？答案應該很清楚，正向提問力應該屬於讓人想接近的太陽。

因此，這章我們要談的是，如何透過更好的提問方式，讓溝通可以更深入豐富，達到更多的理解，獲得更多的有用資訊。這個提問方法，我稱為正向提問力。

正向提問力的目的，在於要問出好的問題、正向的問題、更開放回答的問題。這就偏向亞里斯多德的審議性修辭，將溝通的方向放在未來，而非過去。

即使想更了解過去，必須用正向提問的技巧，將「為什麼」的問題，重新包裝轉換與改變，降低距離感、情緒壓力，為過去的經歷重新賦予意義，轉換角度，更能有效思考與順暢表達。

《鏡與窗談判課》有個很好的比喻，一般的提問就像用釣竿，一次只能釣一條魚，如果透過好的提問、能放寬提問範圍，就能撒出最大的網，有機會找出豐沛的資訊，並在談判桌上與他人建立正面積極的關係。

建立正向提問力的能力，關鍵不在技巧，而是態度。上一章強調，提問者是綠葉，被問者才是鮮花，提問者要時時自我反思，關注的焦點是自己還是對方？是執著於我得到答案，就是將焦點放在自己身上，如果真的以對方為主，就如同第六章提到的人際溝通的問題意識，會想探索他的行為、主張的背後，如冰山底層的觀點、情緒、期待與渴望。

這也是薩提爾女士的主張。薩提爾在《當我遇見一個人》強調，提問焦點要放在健康和正向的可能性上，不僅關注過去和現在發生了什麼，更關注未來可以成為什麼，進而成為更完整的人。她會問：「來到這裡，你希望你會發生什麼？」而不是：「你們的問題是什麼？」

前者的問題是未來，後者的問題是過去。薩提爾用的字眼，前者是未來式，後者是過去式。提問方式的不同，激勵的思考、獲得的答案與感受就不同。

心理治療大師卡爾・榮格（Carl Jung）曾說：「問題不曾被解決；我們只不過是改變看問題的觀點。」

正向提問力的關鍵不只是正向，是轉換問題的觀點。這種提問法就是少問、甚至有意識地不問「為什麼」，在操作上比較違背我們的直覺。然而，我們轉換提問方式，目的是要找出下一步我們可以做什麼，而非指責、詰問，才有機會改變現狀，引導出更多積極的想法、經驗與感受。

先問如何或怎麼：How取代Why

如果不問「為什麼」，我們如何轉換觀點、進行正向提問？答案就是，把過去式改成未來式，把「為什麼」改成「怎麼」或「如何」。

「為什麼這場談判那麼不順？」「為什麼我的論點沒有改變對方？」我們可改成以未來為目的，而非咎責過去表現不如意，可以改成「『下一次，我要『如何』讓這場談判順利且成功？」「我的論點要如何呈現，才能改變對方？」

問題一經改變，思考方向就完全不同。如果一直想「為什麼」，自己陷入一種質疑、沮喪感，很難正向思考，即使努力找出原因，都會是自己哪裡表現不好，反而更自責，更無法跳脫這個僵局。

以上的例子屬於自我正向提問。當我們身為家長、老師或主管的角色時，要更有意識地應用「如何」的正向提問，否則很容易一碰到問題，尤其是他人的問題，就開始想答案、找原因，「為什麼」就不自覺地脫口而出。

業績為什麼無法成長？你為什麼那麼做？你為什麼不聽話？你為什麼作業遲交？這些問題可能常常發生在工作、家庭與教室中，其實答案都是我們可以預期的。例如客戶有問題、客戶說他沒預算、我不知道啊、昨天太累了，忘了寫，早上太晚起床，來不及寫完……或是沉默不語。

「為什麼」的提問，容易讓我們有壓力，要去想理由、找藉口，接著就容易引發爭執、或是檢討。因為我們想很快知道答案。但是，有時候就是犯錯了、疏忽了，或是很努力，但就是沒有好方法，這種不良的溝通方式，會造成惡性循環。

運用正向提問轉換觀點。從理由、答案，換成如何更好、改善，降低負面情緒，轉向正向思考。

如果業績要成長，我們可以「怎麼」做？如果業績要成長，我可以「怎麼」幫你？下次如果作業要準時交，你認為自己可以「怎麼」做、老師可以「怎麼」幫你？

個案討論：用提問溝通指導寫作

有一次我在教國中國文老師的寫作課上，詢問老師教學上遇到什麼挑戰，他們整理出常見的問題，包括：學生缺乏觀察力、感受不深刻、用字太口語化、無法掌握重點、文章缺乏吸引力、生活體驗太少、文章容易離題。

我反問大家，這些問題可能都是現象，不是真正的問題。如果這都是學生的問題，老師課堂上到底要教什麼？正因為學生缺乏觀察、生活體驗，不太會掌握重點，才需要老師的教學引導，否則我們很容易都把責任推給學生。老師們都不好意思地笑了，忘了正向思考，就變成隱形的「為什麼」的咎責。

我建議，老師應該由「How」的角度，先對自己正向提問。我「如何」培養學生的觀察力與感受力？我「如何」改善學生用字太口語化、讓文字更精確清晰？我「如何」提升學生文章的吸引力？如此，老師就會去正向思考，找尋改善學生作文遇到問題的各種方法。

我也曾經教過國中生寫作，並且請他們列出遇到的作文挑戰。他們認為最大的問題是看不懂題目，無法理解；其次是缺乏生活經驗，導致沒有靈感；第三是語句不順，為了增加字數，導致文字冗長。因此，從學生的認知角度，寫作的挑戰是看不懂題目，不知道要如何發揮，才會延伸出其他的問題。

比如，我曾聽過出給國中生的作文題目是「善良」，這個題目非常抽象，如果沒有引導他們思考，或是老師舉例的都是報章媒體人物，最後學生寫的內容，容易都是千篇一律，或是根本不知道是什麼意思，就會發生沒有靈感、文不對題、文字冗長的問題。

由於我教學的對象既有老師、也有學生，我看待這個問題的角度比較寬廣。老師認為學生基本能力不足，這一點其實不是問題，而是現象。由於學生認為寫作文遇到的最大問題，是看不懂作文題目，老師如果能轉換觀點，自我正向提問，就會發現寫作的前提不是寫，而是思考：思考要「如何」具體說明題目內容？要「如何」引導學生根據不同主題，根據自己的生活經驗去思考、發想內容，再來才是教學生「如何」把作文寫好，練習思考每篇文章要寫什麼重點，以及寫出哪些重要吸引人的細節。

如果學生對於作文題目感到困難，老師在溝通時，要如何運用正向提問力？我建議老師可以這麼對學生提問：如果你看不懂題目，你建議老師可以「怎麼」幫你？老師要「如何」幫你找到靈感、增加生活經驗？當遇到字句冗長、不通順的情況，我們可以「如何」改善？

透過這種提問溝通的方式，老師引導學生思考，學生也會主動思考如何解決，而非兩手一攤就放棄了。從「為什麼」轉換成「如何」、「怎麼」，換個觀點，重新賦予過去經驗新的意義，讓過去變得更正向積極，也能改變對未來的想法與觀點。

就像老師認為學生缺乏生活經驗，如果能運用正向提問，引導學生去思考哪些經驗有趣、能夠好好表達，就能正向鼓勵他認真思考與寫作，也能讓他更積極去觀察與體驗生活。當他主動說出改善的方法，就傳達一種內在自我肯定的主動力量，而非外在的被動推力。當學生改變了學習態度，後續才有改變的機會。

老師與學生之間運用正向提問的溝通互動，也可在家長與孩子、主管與部屬的狀況中來應用。

改問「什麼」：用What取代Why

另一種正向提問力則是用「什麼」取代「為什麼」。「如何」的提問是想方法、具體的作為，「什麼」的提問，則是開啟另一種想像，刺激更多想法與可能性。

我曾提到，在工作坊都會先問學員，為什麼提問力很重要？這個問題會讓大家一時之間難以回答，頂多擠出幾句話，無法暢所欲言。因為，「為什麼」這種提問方式會產生一個距離感，讓大家難以思考表達自己的經驗與想法。

現在，讓我們來討論這個問題如何用「什麼」來取代。先回到目的，大家因為覺得提問力很重要，才會買書、才會上課，不然呢？因此，用正向提問來轉換，問題就可以是「學好提問力會有『什麼』好處？」因為將問題指向好處，我們就可以拉近距離，往好處來思考，就能幫助學員從未來的想像來回答。

像我女兒問我：「為什麼你不當記者，要當一位作家。」這個大問題要怎麼用「什麼」來調整呢？

我們先前提示過，一個問題要拆成兩個問題來提問。問題可以改成：「是『什麼』原因讓你不當記者、或是離開記者工作？」這個提問就是聚焦在離開的原因，讓我可以去思考原因，比較好回答。「你現在是作家身份，是『什麼』原因讓你想當作家呢？」這個提問讓我去想想當作家的原因。

另外，我們也可以運用比較的方式，讓對方有一個範圍，可以更具體思考。「你現在是一位作家，作家跟記者都在寫作，這兩種工作或職業有『什麼』不同呢？你比較喜歡哪一種工作？」

剛剛也提到，我們要用「如何」置換「為什麼」的問題，如果業績要成長，我們可以「怎麼」做？如果業績要成長，我可以「怎麼」幫你？下次如果作業要準時交，你認為自己可以「怎麼」做、老師可以「怎麼」幫你？

這些問題也能轉換用「什麼」來提問。即：發生「什麼」狀況，導致你的業績被影響？你的業績目標是「什麼」？你希望達到「什麼」目標？已經試過「哪些」方法？我們可以運用「什麼」方法來達成業績，或是我可以提供「什麼」協助，要加強「哪些」部分，可以幫你達到目標？這些用字遣詞都非常中性謹慎，不會有太多負面的指責，而是站在關心與協助的立場。

運用「如何」、「什麼」，甚至兩者交互運用的提問方式，我們就可以把問題重新包裝成讓人好奇與關心的禮物，降低雙方的情緒壓力。而且，當我們轉換觀點、擺脫自我中心的提問，這也能讓對方發現自己的盲點、打破框架來思考，減少無謂的憂懼，激發更多有益的行動。

我有位在政府部門工作的學生Jessica，在撰寫《風土創業學》的課前五個提問訪綱作業時，發現自己雖然能摘要書中重點。卻想不出任何可以問作者的問題，她坦承只硬擠出三個問題：

學員版提問1.0

❶ 為什麼近期寫完「風土經濟學」後還會想要出版「風土創業學」？兩本書有何差異？

❷ 為什麼會提出SMART五力作為風土創業的五種必備能力？

❸ 為什麼商業模式的四元素中，最重要的元素是價值主張？

解析

這三個問題都是從「為什麼」開始問起，然而書上已有解答，而且這三個問題都好大，讓作者也很頭大。

當Jessica上完提問力工作坊之後，重新修改訪綱，原本的問題都改頭換面了：

學員版提問2.0

❶老師先前寫過與風土學相關的著作有《旅人的食材曆》、《風土餐桌小旅行》，再拓展為《風土經濟學》，最後再到現在的《風土創業學》一書。
想請問：每一本書寫下後，發生了「什麼樣」的改變，才促成老師寫成下一本書呢？關於風土學的下一步，老師最想做的又會是「什麼」呢？

❷老師在風土學相關的書籍上，讓我們看到「風土創業家」必須是一位跨領域整合的「提問者」及「解決問題者」。而事實上，老師的工作及身分也一直橫跨於多元領域，例如編輯、講師及旅行設計師。
想請問：這些工作及訓練中，讓您具備如此的能力的關鍵是「什麼」呢？我們可以「如何」培養自己，也具備跨領域整合的「提問者」及「解決問題者」的能力呢？

❸本書提到風土創業者需具備SMART五力。想請問：這五力中「哪一種」能力最為重要？

❹老師在自我介紹中也提到，有很強的「自我學習」能力及經驗，令大家非常佩服及好奇。想請問：如果我們也想透過「自我學習」方式，

來培養SMART五力能力，老師建議我們可以「如何」著手呢？

❺ 本書提到商業模式的四大元素，但與傳統模式不同之處，在於先確認「價值主張」定位自己，並非以獲利為優先。想請問：當時是接觸「什麼樣」的案例，或是觀察到「什麼」情形之下，讓老師有如此的想法及主張？

解析

這五個問題，都以「什麼」為基礎，再加上「如何」，每個問題都有一段陳述，類似承轉力跟我建立連結，接著再用正向提問力，提出讓我可以進一步思考，但又不難回答，也讓我想回答的好問題。

正向提問力看似正向，卻需要我們逆向思考，練習從目的、未來回推問題，把重點放在對方身上，該怎麼讓問題轉化成像一張大網，可以捕捉更多豐富訊息、故事與想法。

《QBQ！問題背後的問題》認為，提出更好的問題、更有擔當的問題，可以幫助我們當下做更好抉擇，問題本身將引導我們獲得更圓滿的結局。「答案就在問題中，提出更好的問題，就會獲得更好的答案。」

記得提醒自己，少問「為什麼」，而是多問「怎麼」與「什麼」，也許你會得到意想不到的好答案，讓更多事情海闊天空。

提問練習

如果大家想知道我撰寫這本提問之書的動機與想法，而且要避免問「為什麼」。請練習運用這章討論過的幾個方法來設計問題。

問題1：請運用「如何」來提問。

問題2：請運用「什麼」來提問。

問題3：請運用「比較」的方式來提問，例如這本書跟其他提問書的比較，或是我的提問方法跟其他專家的比較

第十章

重點力

——如何用一句話，找出對方真正的想法

提問最大的挑戰，不是問問題本身，而是提問者能否了解對方到底說了什麼？有什麼想說卻沒說的事情？對方話中有話的意涵是什麼？還有，雙方的認知有沒有落差，以免造成溝通誤會。

我過去當記者時，就常遇到這種挑戰。某次要報導一家上市公司，當時這家科技公司購併了一家外商公司，本土購併外商是很特別的新聞題材。我除了約訪這家公司的董事長和幾位主管，還有被合併的外商經理人，希望從各個面向來報導這家企業的經營特色，以及購併後可能遇到的挑戰。

我採訪當時被購併的外商營運長、後來轉換到其他公司（家族企業）當總經理的A，想了解這位購併外商的董事長的領導風格、個人故事與特色。我跟A在她的總經理辦公室聊得很愉快。具有外商公司背景的她，個性豪邁，說話率直，告訴我對這位董事長行事作風的觀察，也提到他的生活品味。

我請她舉個例子，幫助我更理解。她提到，去董事長家開會時，他都會請大家喝紅酒，還會分享很多紅酒的特色與知識，讓她學到一些品酒知識。我就把紅酒的小例子寫在報導中，呈現董事長的個人特色，不只是經營管理上的霸氣，也有少為人知的品味涵養。

沒想到雜誌出刊後，A打電話來指責我。她認為不該寫出紅酒的例子，甚至還具名引述她的話，我當時並不理解她生氣的原因，因為這是一個很正向的例子，也沒有錯誤引用。但是A聲調愈來愈高亢：「你這麼寫，讓我感覺自己很俗氣，因為不懂紅酒。」

我很氣憤，明明都是你講的話，而且當時講話很直率灑脫，沒有任何禁忌，怎麼看完報導，會把文字詮釋與誤解成「俗氣」？

沒想到她接著說：「我擔心現在的老闆看到報導後，會怎麼看我？」

聽到這句話，我瞬間理解了。她雖然在新公司擔任總經理高位，但對於從外商空降到家族企業，總有些不安全感，會在意他人的看法，即使對於「紅酒」這個小小的例子，都特別敏感。

即使她說過的每個字都對，但是加起來的意涵，就是冰山底層下看不到的渴望、期待與情緒。空降部隊的她，渴望在新公司被老闆賞識與肯定，期待有很多專業表現，報導寫了她學習品味紅酒，雖然是看似不起眼的一小段，卻讓她產生「俗氣」的觀點認知。這個觀點激起內心大象的情緒，不受騎象人的駕馭，才會在電話中言語激動，甚至情緒失控，跟原先訪談的印象大不相同。

那次的爭執讓我難以忘懷。我開始提醒自己，當時如果能多問一點她的新工作狀況，掌握她對新公司老闆的一些期待與渴望的線索，我可能會更小心地運用「紅酒」的例子，甚至會確認可否引用她說的話，以免造成誤會。

記者最常被批評的，就是誤解、沒有確認他人的意思。剛開始做記者工作時，我常常會一直低頭猛抄筆記，或是一直問問題，深怕自己在他人眼中不夠專業，卻忽略要定時停下來，跟對方確認他的意思與重點，以免造成誤解，或是能察覺話中隱含的意思，再繼續深入提問。

被回應、被聽見才是對話主軸

這些狀況也是大家在提問過程面對的挑戰。提問的目的不只是問問題，而是為了理解、發現、探索、學習，甚至改變他人或自己。但是我們最大的問題，往往忽略提問之後，到底要得到什麼、知道什麼？常常只是為了問而問，沒有認真聆聽、了解他人真正想傳達的重點。

先回到優質對話四循環AAAR。從提問、積極聆聽、覺察到回應，這個過程的轉折點，在於提問之後，透過有意識的積極聆聽與覺察，去分辨、觀察與感受對方說了什麼、或什麼沒說，探索冰山底層隱性的想法、需求與感受。

如果提問力沒有將全部心思放在對方身上，提問就容易失焦。會變成為問而問，或是變成移轉型回應的話題小偷，只是把焦點、重心放在自己身上，而非以對方為主。

心理諮商師亞科．賽科羅（Jaakko Seikkula）與社會科學家湯姆．艾瑞克．昂吉爾（Tom Erik Arnkil）在《開放對話，期待對話》就提到，在對話過程中，被回應、被聽見才是主軸，不會快速做出定論或決定，而是讓病人的聲音能好好被聽見、好好地被回應。他們認為，對話精神就在於：「讓不曾被說出的話可以被說出，讓說出的話被聽見。」

他們形容對話是一種「跨界合作的藝術」。這是需要提問者與對方之間的默契，協調節奏與舞步，能夠讓看似模糊雜亂的心思、經驗與感受，能夠被理出清晰的內容。

這很難達成，因為有三個需要克服的挑戰。第一是我們很急切地想用一個問題就能立即獲得答案，第二是我們沒有認真聆聽對方心聲，導致對話方向出問題，缺少信任感，或是彼此理解認知有落差。最後是我們聽不出重點，到底對方說了什麼？

真正的對話不是一問一答，更不是那種質詢、審問、封閉式的問話，因為在一句話之中，可能藏了非常多資訊。我們也會瞭解，為什麼聆聽剪輯過的訪談，要比日常對話輕鬆，因為真正的對話不像我們看電視、Youtube、聽廣播或Podcast，那些內容都被剪接編輯過了，實際的對話情況都是比較模糊混亂，而且會彎來繞去，需要縝密找出話題線頭，仔細梳理，讓內容不會鬆散、更有重點。

第一個挑戰可以透過承轉力、正向提問力來調整問題與心態。第二與第三個挑戰，則是這章重點力所要討論的。我們要如何聽出對方說出的真正意涵，沒說出的想法，以及如何整理、釐清混亂內容，找出對方真正想表達的重點，進而能更深入對話溝通？

傾聽者的三種淘金思維

我們要培養一種傾聽者的淘金思維，建立有意識的聆聽能力。

我們平常溝通與聆聽、甚至讀書，這個過程都像海綿般大量吸收水分，一直接收各種資訊，但是我們最多只能像錄音機一樣重複他人的話語，缺乏有意識地消化產出的能力，對於「他的意思是什麼？」「他到底說了什麼？」「重點是什麼？」沒有自己的詮釋、解讀與觀點，對話品質就不高。

相對海綿思維被動地吸收資訊，淘金思維則是有意識地在話語泥沙中篩選淘金，找出重要訊息，運用思考能力去推敲背後的意涵、因果關係，還有梳理整體脈絡狀況。

「擅長傾聽的人通常也擅長發問。問問題讓人更專心聆聽，反之亦然，因為要先傾聽才問得出恰當與貼切的問題，問完之後也必須認真傾聽對方的答案。再者，真心好奇和坦承直率的問題會讓對話更有意義、更具啟發性，甚至還能避免誤解。」《你都沒在聽》一書指出。

這種有意識的聆聽可以運用在冰山理論架構中，藉此去探索冰山上的反應與行為，冰山下的觀點、情緒、期待與渴望。

根據重點力的目的，我整理出同理式聆聽、理性式聆聽與總結式聆聽三種方法。

1. 同理式聆聽

同理式聆聽的目的，在於了解對方的語言與表情、肢體傳達的情緒感受，透過提問去了解深層的期待與渴望。

這裏要運用的重點力，就是透過一句話做出肯定的回應。包括定時複誦他剛剛說的話，或是鼓勵讚美的想法與作為，甚至引用他之前、曾經講過的話，讓他覺得你有認真傾聽，受到肯定與重視，更願意說出自己的想法，才能持續建立承轉力的「Like感」與信任感。這裡凸顯的是冰山理論中的情緒，讓她的感受得到支持與肯定。

如果當時A總經理告訴我，出身外商的她空降到一個不熟悉的家族企業，因為文化傳統不一樣，她必須先瞭解企業文化，不要太凸顯自己外商背景的鋒芒。我就會根據不同層次的重點力來回應她。

第一層是複誦她說的話，具有重點意涵：「不凸顯外商背景的鋒芒」、「對，先了解企業文化」。

第二層是肯定她。「你的想法很務實」、「你很重視人際之間的關係」這類的肯定話語，目的是讓她知道我有抓住她沒說出的意涵，彼此頻率有接上，讓她更能夠說下去，不用特別解釋或擔心我聽不懂。

2. 理性式聆聽

第二個方法是理性式聆聽。這是根據外在反應或事件、議題，在聆聽過程中，提問者嘗試了解整理對方的看法、觀點，進而確認與討論。

例如我可以這麼說，A總剛剛提到需要先了解企業文化差異，不要太凸顯自己，你是不是想要先知道本土企業的溝通與思考方式，才能將自己的專業經驗融入其中？

理性式聆聽的重點力是帶著確認的提問，想了解她剛剛說的話，要呈現什麼觀點、主張或想法見解。這時候她可以補充說明，或是解釋澄清，透過這個重點式的提問，讓她可以延伸更多想法。

這個提問最重要的技巧，就是確認彼此理解的落差。對方往往以為你能理解，但是我們彼此在經歷、背景、專業上仍有落差，如果沒有做確認，後續的溝通一定會有誤解。

因此，我們不是急著發問、急著下結論，而是努力理解。透過理性式聆聽，以及重點力的提問，讓對方能暢所欲言，表達更清楚的想法。「儘管人一生最渴求的，莫過於理解和被理解，但唯有當我們慢下來，願意花時間傾聽，這一切才可能發生。」《你都沒在聽》寫著。

3. 總結式聆聽

第三個是總結式聆聽。在提問過程中，當主題與問題都告一個段落之後，嘗試提出對剛剛談話內容的結論。這個目的是讓提問者在對話過程中，扮演主動角色，讓對話產生意義、提高對話品質，也讓這一場雙人舞蹈有更深一層的默契。

我們要為每個段落的對話賦予意義。嘗試把聽到的、理解到的內容，用自己的話做出簡短結論。這麼做的目的是先確認自己是否掌握重點，讓對方有機會想清楚這段對話的內容，也幫助他整理思緒與想法，才能夠促進後續的對話，或進行下個階段的追問力。

比方當A總經理談完自己目前在家族企業的工作經驗，我可能會提出簡短的總結：「從外商經理人轉換到家族企業工作，最重要的專業不是先展現豐富的經驗，而是懂得觀察與溝通，找出企業本身的運作文化，才能找到自己發揮的最大空間，對嗎？」

雖然這個訪談主題不是A總經理本人，而是她對購併外商公司的董事長的觀察。但如果我更了解她，就能找到她冰山底層的渴望、期待，推敲出觀點，比較不會發生對報導的爭執，甚至能得到她對這位董事長更真實、仔細的想法，當然也可能延伸出更多關於A總經理的故事，或是相關的報導題材。

管理學者司徒達賢在《司徒達賢談個案教學》提到，這種重點摘要的聆聽，對企業高階主管非常重要。司徒達賢解釋，高階主管在公司長期發號司令，已經不擅長聆聽，更不習慣理解部屬，當他們來學校進修時，他在課堂上會要求高階主管認真聆聽不同行業同學的想法，並且必須即時做出總結、摘要對方想法，藉此提高自己的思考能力。「學習用力聆聽，以及努力懂，用自己的話精簡準確複述。」司徒達賢強調。

這種總結式聆聽並不是濃縮他人說的話，而是在短時間內、透過仔細推敲對方的意思，抽絲剝繭找出重點與意義，這是一種大腦高速運轉的心智鍛鍊過程，運用淘金思維的系統二慢想來聆聽與回應。「善於傾聽就是不斷問自己，對方傳達的訊息是否有根據，他們告訴你這些事的動機又是什麼。」《你都沒在聽》強調。

雙向的重點力練習

我在企業、地方政府、各種組織從事培訓的經驗，發現大家很不擅長總結式聆聽。因為這需要同時具備提問、聆聽、思考與表達的綜合能力，甚至是一種即時反應的能力。

因此，我在不同主題課程，一定先讓學生練習小組討論、整合意見與分組報告。透過短時間、例如五分鐘之內，四、五個人彼此不斷聆聽、歸納意見來提出總結。一開始大家都很不適應，但是經過兩、三輪的練習之後，大家已經充分熱身暖機了，就能有意識地展開對話，培養最後能提出結論的重點力。

但在對話過程，大家要自我提醒，不是聽到什麼就隨時插話。而是透過同理式聆聽、理性式聆聽，讓對方能清楚表達感受與想法，有了完整脈絡之後，才能適時總結重點。

還有一個持續練習的好方法。我在提問力工作坊最常用的技巧，就是當某位同學講了三分鐘故事、或是三分鐘簡報，我會馬上要求別組同學練習在三十秒之內轉述一遍。

這個做法是要求、甚至強迫大家練習積極聆聽，到底對方說了什麼？如果能清楚轉述內容，代表剛剛說話的人有清晰的脈絡與重點，轉述者也能清楚呈現主要內容。如果沒人能夠轉述，代表說話者的邏輯、順序與重點不清楚，當場他更能反思自己表達的問題，此時我也會讓其他學生練習提問，協助當事人找出需要釐清、確認之處。

這是一種雙向的重點力練習。說話者要能把話說清楚，提問者要先能清楚轉述內容，繼而才能總結內容，找出更好的、更有啟發的結論，讓各種類型的談話都有意義與價值。

這能夠聚焦談話方向、建立更多信任感，也不會偏離主題，更能成為下個追問力階段的提問基礎，思考有哪些問題需要追問與釐清。

如果能仔細聆聽，萬事萬物都會產生意義。以《呼喚奇蹟的光》這本書獲得普立茲獎的作家安東尼．杜爾，他認為新聞工作是一種反思式傾聽（reflective listening）。快五十歲的他，從十六歲起開始寫日記。「那其實是一種訓練自己看和聽的方法。」他說：「你慢下來翻譯一個浩瀚又混亂的世界，幾乎像在禱告。」

這裡說的「翻譯」不是原封不動，將不同語言照字面意思轉換成本國語言。好的譯者更像一位詩人，需要先理解他國語言與文化脈絡，去體會感受、推敲作者的想法與遣詞用字，然後才能用最貼切、到位的方式，讓本國讀者能理解與感受。

能掌握對話重點力的人，不就是一位詩人嗎？

提問練習

我在寫作課的課堂上，讓學生練習訪談。有位在企業界工作的學生訪談一位從事創新輔導的創業者。這位創業者過去在外商大公司工作，希望將外商的工作經驗，移轉到對台灣本土中小企業，幫助他們從事創新改變，提升企業競爭力。但是他發現，許多企業非常害怕失敗，導致不願改變現狀，他想邀請許多創業者來分享失敗經驗，如何從失敗中找到創新的機會與能力，希望透過這個分享活動來鼓勵企業勇於嘗試。

請運用同理式聆聽、理性式聆聽與總結式聆聽來回應分享失敗經驗的這個活動。

問題1：運用同理式聆聽，你會如何回應他的想法？

問題2：運用理性式聆聽，你會如何回應他的想法？

問題3：運用總結式聆聽，你會如何回應他的想法？

第十一章

追問力

——聽出五個關鍵點，問出問題背後的問題

我在提問課詢問學員的學習需求，他們常常描述以下的狀況；當自己聽完對方的想法和回答之後，當場覺得沒什麼問題，但是一離開會議室轉換情境，或是轉而跟同事、主管商量，自己有時間可以仔細思考以後，發現得到的回應內容不太合理，有許多需要進一步溝通和釐清的地方。

這個狀況多半是因為提問者本身的思考不足，導致在對話過程缺乏追問。比方我在前幾章提到，要求學員課前閱讀《風土創業學》、並寫出五個問題，但不少人想不出問題。學員也許能夠講出書中重點，但卻找不出有什麼可以延伸追問、增進了解的問題。

追問力不足，在於我們被動思考的習慣。就像本書第二章提到，由於過往的教育方式，都是被動地單向接受上位者的指令、要求與知識灌輸，其中包括老師、父母與主管，我們不太好意思主動發問，去確認，或是了解背後的想法，甚至不敢質疑。這種對話模式，導致我們不擅長專注聆聽，更養成等待標準答案的習慣，怕得罪人，不敢表達想法；日積月累之下，我們不僅失去主動探索更多未知可能性的勇氣，也無法鍛鍊思考力。

長期失調的結果，我們容易接收一切看似合理的答案，忽略保持開放式懷疑的態度，也無從增進好奇心，鍛鍊獨立思考的能力。

我們需要培養自己有意識地觀察、閱讀、聆聽與思考的能力。對人事物、議題、周遭的各種主張與說法，我們都應該抱持著不疑處有疑，不全盤接受的態度，時時提醒自己，要多問、想深一點，多聆聽，就能打開追問力的開關。

追問力能帶來雙向溝通、相互學習的效果。好的追問力，讓我們可以問到真正的重點，甚至提出的問題還能搔到對方癢處，引出較深層的思考，可以回答出更好、更仔細、更深刻的內容。這時，提問就像一個好禮物，讓對方能思考、樂於回答，甚至對你的問題印象深刻，建立更多的互信好感。

然而追問之所以是多數人的困擾，在於對話過程中，提問者的大腦得不斷高速運作，一面觀察、感受與提問，一面則是思索、整理不斷進展的溝通內容。

我們的大腦一方面思考與追索，從承轉力、正向提問力進入到重點力階段，我們提出的問題是否已經有了解答，還是大方向已經清楚，仍需要往下追問、才能更深入了解？

追問之前，更要扣緊自己提問前的問題意識。當初為何出發？出發點是什麼？整體想知道的問題、難題為何？是屬於外在現象與議題的問題意識，還是人際溝通型的問題意識？

打開追問力的開關

在提問課上，每當學員報告時，我都會示範提問方式，在看似合理的答案中去找出矛盾、有趣和獨特，或是不清楚的地方，希望學員說明澄清，或是幫助他們想的更周全。接著，我會請其他同學觀察與思考：

剛剛我追問了什麼？在對方說到什麼內容的時候開始提問？問完之後如何持

續追問下去？我的追問態度是什麼？提問時的語調與表情是什麼？

例如我曾協助衛福部社會暨家庭署培訓各單位社工人員的提問力。這是讓社工人員能深入了解受助者的內心，找到潛在需求，才能提出好的創新服務方案。因此，我設計一個分組訪談與報告內容的實作練習。

其中一組報告了某位服務社會弱勢婦女的社工人員，說明她的經歷背景，以及最感謝的人是某單位主管對她的協助。當這名社工提到她的服務對象是外籍配偶，很習慣與外籍配偶互動相處，因為家族也有不少跨國婚姻，所以自己熱愛服務外配的工作。

報告結束後，我馬上請學員想想，剛剛那段內容有沒有值得追問之處？要問什麼問題？不少人一臉茫然，似乎認為沒有什麼問題。我提醒，剛剛的報告內容中有一個關鍵字，我們必須用重點力的理性式聆聽來回應。這時候有人提問，家族有不少跨國婚姻，好像有值得多瞭解之處。

我稱讚這位學員聽到了隱藏的重點，並加以進一步說明。因為家族有跨國婚姻，這可能是家人娶了外籍配偶，讓她已經習慣跟外配相處，但是可以多問一點問題，了解相處方式，以及背後的故事，讓這個問題帶來更多意想不到的收穫。

我示範如何追問，並請這位資深社工來回答：「剛剛提到家族有不少跨國婚姻的經驗，可以多說明一點，讓我們多了解這些背景？」

原來，他們家族長期在東南亞經營旅行社，她也曾到新加坡參與旅行社業務，因此不少家人在東南亞成家立業，娶當地的女子為妻。

我接著問：「這個家族跨國婚姻的經驗很特別，加上你還從事旅行社工作，想必更懂得跟不同國籍、族群文化的人相處，這對你回台擔任社工有什麼影響嗎？」她回答影響很大，讓她會更有同理心，站在不同族群文化脈絡來思考事情，更能體會包容與溝通的重要性。

聽出趣點、轉點、斷點、痛點與雲點

從一句看似不經意的話，透過兩個追問的問題，竟拉出一段豐富有趣的對話。學員很好奇，我如何具有這種「開放式懷疑」的追問力？

首先，要非常認真傾聽對方說的話，我歸納，聽出五個關鍵點，就能進行更深入的追問，其中包括：**趣點**、**轉點**、**斷點**、**痛點**與**雲點**。

這是培養追問力的五個關鍵點。也許是對話中、聆聽時、或是閱讀資料、觀看影像中，產生好奇、有趣、不了解、有些模糊不清楚、讓自己卡住的地方。只要出現五個關鍵點的其中之一，就是追問力登場的時刻。

我就是聽出這位社工人員的「趣點」，得以延伸關鍵的提問。**趣點**在於看似跟主題無關，卻隱含一段似乎有意思、有趣、特別的經驗與想法，值得多了解，能更了解對象，或是讓話題更豐富。

第二個是**轉點**。轉點是一件事情出現變化的轉折點，如果沒有聽出轉點，就沒有聽到改變對方想法、經歷與態度的重點。比方這位資深社工如果放下社工專業、去東南亞從事旅行社業務，是一個轉點，從東南亞返台做社工，又是另個轉點。服務外籍配偶，如果遇到一些挑戰，也是一個轉點，代表事件、想法、作法與感受出現變化。

第三是**斷點**。斷點發生在對方說的話似乎邏輯上不太連貫，有些地方不清楚，前後有些矛盾之處。例如他的不同想法之間、經驗與經驗之間的銜接處，似乎少了一些因果關係的連結。也有可能是對方說話跳太快，需要一些追問來拴緊話語之間鬆掉的螺絲，或是補強這個斷裂處，請對方說明清楚。

假設這位社工說喜歡協助外籍配偶，但是說不出、說不清楚她喜歡協助的原因，或是常常換工作，就出現「斷點」。因為沒有清楚的關聯性。或是當她離開社工、轉換到旅行社工作，也沒有清楚的原因。就需要透過提問，把前因後果釐清，將斷點修補、銜接起來。

第四是**痛點**。這是相對於正向的趣點，察覺對方隱含、說不出口的不舒服、想被理解跟解決的痛點。我們可以從聽到一些對方很在意的用字，包括表情跟用語，在情緒上產生的變化，而且經常出現，傳達冰山底層需要注意與重視的關鍵。

比方這位資深社工從事輔導協助工作，總會遇到不如人意的挑戰，可能是上級單位、主管、甚至是受助者的狀況，如果她提到一些壓力，具有情緒字眼，就是痛點的象徵，可能需要關懷、打氣，或是能力、專業知識上的協助，都值得進一步追問。

就像上一章提到A總說出的那句話：「我擔心現在的老闆看到報導後，會怎麼看我？」她說出「擔心」兩個字，就是一個情緒的負向燈號，也是潛在痛點，是值得運用承轉力與正向提問力的方式去感受，再適切追問。

第五是**雲點**。對方說的話彷彿飄在雲端上、比較抽象、不易理解的內容，需要運用追問力把內容拉回地面，讓我們可理解。例如對方使用了一些專有名詞、或是讓人無法理解的專業術語，因為我們不在對方的生活或文化脈絡中。需要透過發問請對方說明、澄清，否則對方會以為你都懂，結果出現更多無法了解的對話。另外則是對方的表達很空泛，例如提到「競爭力」、「永續經營」、「社會共好」，這類看似很高深、其實很空洞的詞句，其實都需要用追問力讓對方可以具體說明。

比方這位社工使用許多專有名詞或是簡稱來回覆，但是我沒有社工背景，不知道這些名詞的明確意涵，就需要適時請她說明與解釋，才不會產生更多誤解，阻礙溝通。

運用說明澄清、舉例

當我們在對話中發現了這關鍵的五點之後，要如何進行追問？

如果遇到的是雲點，就需要被澄清，讓抽象想法與概念可以更具體被理解。我們可以這麼問：

剛剛提到的幾個專有名詞，例如「地方創生」、「競爭型方案」，聽起來很重要，您也一直反覆強調，由於我不太理解這個用語，可否請您多說明一點，讓我能夠更了解。

只要態度很謙和，帶著求知學習的態度，人人都樂意當老師，展現自己的專業，幫助他人更理解。

如果對方已經不斷說明，但我們還是不太了解，就需要請他人舉例或是比喻來說明。可以這麼問：

您書上提到寫作要有「層次」，但我不太明瞭「層次」的意思，這是一層一層嗎？關於寫作的「層次」，可否舉個例子，讓我更清楚。例如像是……。

當提出「例如像是……」，後面就把這個空白交給對方，讓對方練習換位思考，站在提問者角度，嘗試找尋合適的例子來進一步說明。

這個練習不只是對專家的提問，而是許多人習慣用一些空泛的說法或概念來回應他人，自己其實也不是很清楚、甚至一知半解。提問力可以幫助對方，透過邊說邊思考的過程，讓想法更具體落實。

我去過一個南投山區、以茶葉與竹子為產業特色的社區帶工作坊。有位茶農告訴我，她的目標是讓社區能永續經營，我就請她舉例要如何經營與永續？

這個提問表面上是幫助我理解，實際上是引導她從雲端落地，具體思考自己的目標。我問：「你在社區想要經營什麼？」我藉由這個問題來聚焦她的想法。她想了想，說：「我想經營下午茶。」「下午茶」就比永續經營具體，至少有個出發點。我接著問：「社區永續經營的意思，是不是不只有你經營的下午茶店，還有其他業者也要參與？」她回答：「對，我們可以彼此串連，讓社區可以被活化。」

藉由這個對話，她的永續經營想法就可以落實為下午茶店，社區其他夥伴可以做其他小事業，彼此能串連。

4W1H追問

除了舉例之外，我們也可以透過4W1H有方向地引導，幫助對方整理經驗與思緒，把話說清楚，更能理解雲點，還可以往趣點或是痛點追問。

我問茶農：「你想開下午茶，這很棒啊，那目前的進度呢?狀況如何？」她說：「我去學下午茶，但是我發現甜點技術上有問題，就是上課學的，跟自己實際做出來的差很多。」

目前表象痛點是下午茶的甜點技術，如果能知道「轉點」，也許會更加釐清痛點與需求。

1. 發現轉點

我先透過總結式追問：「所以你做甜點是想擴大事業版圖，不只是做茶，也想增加其他事業收入嗎？」她點點頭。

我再問：「是什麼原因讓你想做下午茶，因為做甜點要花時間去學習，是想改變茶莊事業的經營方向？是不是目前遇到一些挑戰嗎？」

「因為這裡風景與環境很好，也遇到很多遊客，但是他們不是我們傳統茶莊的客人，目的不是來買茶，要怎麼讓他們留下來，增加茶莊收入。」她回答。

大家發現了嗎，她的回答中出現了轉點。

2. 找出斷點

「因為社區的遊客增加了，但不是傳統的買茶客人。」我把這句話複述了一遍，跟她確認我理解的重點：

「所以你想做下午茶，就是希望滿足客人需求，讓他們可以待久一點？」

她回答：「對啊，我想了很多很多，有好多想法，就是不知道順序，要先做哪一個？我就是東學西學，下午茶是其中之一。」

由於這位茶農也兼種香菇，還有種筍，做下午茶的甜點，其實跟既有的專業沒有太多連結，這裡就出現「斷點」，我想了解她的想法。

3. 追問斷點

我提問：「你學習甜點是自己的興趣，很想嘗試農業以外的事情，還是想跟茶葉連結？」她想了一陣子，若有所思地說：「其實我也不太清楚，就是想多賺一點錢，下午茶說不定是一個機會。但想開午茶甜點店跟會做甜點，中間有很多要學的。我就是想到什麼就先去做，沒想太多。」

由於她想開設的甜點店不在山上的社區，而在山下，離社區有一段路程，這跟社區要彼此連結，創造永續經營的目標，產生一段差距，造成另一個值得追問的斷點。如果她能先跟社區討論如何整合串連，再回推如何提升與轉型自己的茶葉、香菇與竹筍專業，可能比她去學不擅長的甜點，來得務實且容易執行。

從雲點、痛點、轉點到斷點的追問，大家發現了嗎？真正痛點不是下午茶，而是有很多想法與嘗試，但是沒有核心目標，導致於沒有優先順序，需要釐清的是真正的目標，並做出選擇，才能排出優先順序，一步一步前進。

追問力的核心不只是聽出關鍵五點，以及運用說明澄清、舉例和4W1H進行追問，更要自我提醒，不能採用咄咄逼人的態度，這會讓人採取防衛心，感受也不舒服。需要帶著誠懇求教、關心與好奇的正面態度，讓他人願意坦誠相告，或是認真思考，進行更深度的溝通。

大家有看過《名偵探柯南》的漫畫、卡通或電影嗎？柯南雖然身體是小孩子，腦袋卻是聰明有邏輯、善於思考與推理的高中生。由於他是看似天真無邪的小孩，問問題的方式讓大家不會有壓力，反而讓更多人不設防，被他找出線索，推敲找出真相與兇手。

我們需要跟柯南學追問力。從觀察、提問方式與態度，以及思考推敲的過程，將人事時地物的5W1H給釐清。

此外，我們也需要運用讚賞式的提問，鼓勵對方多說一點，這時可以用幾句話當追問的連接詞，去拴緊話語中鬆動的螺絲，幫助對方把話講得更順。例如可以說「後來呢？」「可否再多說一點」、「後來怎麼了」，再運用「也就是說」的換句話說方式，讓對方把某些不清楚的部分補述更清楚。

該如何問敏感問題

最後，最難的是敏感話題的追問。我們需要像柯南一樣能察言觀色，對於敏感問題該如何問，何時問的時機點，也要拿捏好。

採訪壹傳媒（蘋果日報與壹週刊）董事長黎智英是我最難忘的經驗之一。十五年前，當時我在《GQ》國際中文版工作，約訪這位在台灣媒體業掀起風暴巨浪的媒體大亨。

當時採訪主題是他的創業熱情。因為是人物故事專訪，我的問題意識是他看似事業有成，但婚姻上卻經歷過失敗，才有第二段婚姻，由於婚姻是外界比較少知道的故事，這

位霸氣的媒體大亨，怎麼看待第一段失敗的婚姻，還有如何開啟第二段愛情，是我非常好奇、也想問的主題

面對霸氣十足的黎智英，我卻有些擔心，這些問題是否會讓他生氣不快。為此，我準備了二十個問題，並將幾個婚姻問題放在後面，而且反覆沙盤推演，先問哪些問題，再銜接哪些問題，最後視情況提問婚姻問題。

當我進辦公室，看到身型壯碩、聲音宏亮的他，內心更緊張，這些問題能問得出來嗎？何時該問？該怎麼問？

我看似輕鬆鎮定，內心卻非常忐忑不安。當採訪時間只剩半小時，我的問題也快問完了，雖然訪談氣氛蠻好的，但不知道問題切入的時機點。最後，時間所剩不多，再不問就來不及了。

我得硬著頭皮出手了。我想了想，略帶不安地問：「Jimmy（黎董事長英文名），我有個問題很想知道，也很關心，就是當年你第一段婚姻結束後，你的工作這麼忙，有時間照顧孩子嗎？孩子怎麼辦？」

總之，我豁出去了。心想不知道他會怎麼回應，會不會話題就此結束？

黎智英聽到這個問題愣了一下，炯炯有神的目光突然有些遲疑。他身體前傾拿起水杯喝口水，不講話，接著又喝口水，還是不講話。我不插任何話，安靜看著他。

這段大約有半分鐘的時間，卻跟一小時一樣長。他低頭不語，突然抬起頭看著我，聲音哽咽，眼眶泛紅：「小孩子沒有……，沒有母親的小孩是很可憐的。」他繼續喝水，試

圖平復激動的心情。

原來一向天不怕地不怕的硬漢黎智英，也有脆弱溫柔的一面。他在我面前失態，也有點尷尬，他慌亂中摸著衣褲口袋，一時之間找不到衛生紙擦眼淚，我趕緊遞出手帕，還釋手帕是乾淨的，他揮手說不用不用。在擁擠的辦公室中，兩個男人一時顯得手忙腳亂。

平復心情後，他回首廿多年前第一段挫敗婚姻的前塵往事，不是心痛妻子拋棄他，而是心疼孩子太早嘗到父母離異的痛苦。

離婚是轉點，孩子是痛點。我問事業忙碌的他，當時怎麼帶孩子？他說離婚前每天都很晚才回家，離婚後自己帶小孩，每天六點就下班，回家監督家教看小孩的課業。

為了調整他的心情，我還開了一個玩笑。因為當時五十九歲的他，跟第二任太太剛生一個兒子，我說：「用台灣人的話來說，你六十歲還是一尾活龍啊。」「感恩啊，感恩啊，年紀越大愈懂得愛，愈能享受愛，」他破涕為笑，但笑中仍泛著淚水。

這句話是趣點。原本讓我想問、不知該如何問的婚姻問題，卻成為我們破冰的關鍵。我從他的婚姻問題切入到愛情故事，談了他當年追求太太的經驗。太太原本是採訪他的南華早報記者李韻琴，他一時驚為天人，後來李韻琴遠赴巴黎求學，他還放下事業，追尋佳人到天涯海角，住在巴黎Plaza Athénée大飯店一個月，每天等她下課。

我再從愛情切回事業經營，他說：「我追求什麼東西都是瘋狂的，有時為了得到，即使死了也願意。」我最後問他的問題，是他一向被批評的冷血管理風格，他低頭沉思，緩緩回答：「因為市場無情的競爭，讓我不得不如此。」

從這段訪談往事為例，我選擇在雙方熱身、彼此建立信任關係，比較不會有冒犯的感覺之後，才問對方隱私的問題。

沉默、停頓與留白的藝術

敏感問題該如何問？我想了解黎智英第一段婚姻失敗的原因，以及對他的影響，但是這個問題不能太直接，必須結合正向提問與站在他立場的同理心，去包裝調整問題。因此，我以他最在意的孩子切入、並表達我的關心：「當年第一段婚姻結束後，你的工作這麼忙，你有時間照顧孩子嗎？孩子該怎麼辦？」

敏感問題的第三個重點，就是不急著要對方回應，也不急著問下個問題，必須有停頓留白的時間，讓對方思考或是調整心情。每個人都是真實的人，都有自己的冰山底層，更有一塊不被理解的柔軟敏感之地，有時不說話也是一種回應，我們要練習聆聽沉默之聲，以他人為中心，去覺察神情、姿態，並用肯定的表情傳達支持之意。

等到對方想好、心情調整好，故事就會慢慢出現，聆聽者只要從中聽到趣點、轉點、痛點，從中再延伸問題，就能了解更多內容。

採訪黎智英已經是十五年前的事了，壹傳媒也經歷很大的變化，他甚至因為爭取香港自由而遭到中國政府關押，香港壹傳媒也面臨空前的經營壓力。變化之大，令人感慨。

我想起當時他告訴我，內心一直渴望跟父親對話。因為父親早逝，他從小離鄉背井去世界各地打拼，卻沒機會從父親身上得到更多鼓勵與肯定。他內心一直有個沒有答案的疑問，父親會怎麼看待這個兒子的成就？

「我希望他回來跟我說，你做對了。」黎智英告訴我。

現在回想起當年他語重心長的這句話，如果有機會再遇到這位內心柔軟、堅持自我的硬漢，在經歷這麼大的變局之後，我想再追問他：「經歷這麼大的人生變化，你認為父親會支持你，認為你做對了嗎？」

提問練習

練習追問力的前提，在於能否從對話中辨識出五個關鍵點，包括趣點、轉點、斷點、痛點與雲點，才能運用追問力來加以了解或釐清。

問題1：我訪談黎智英時，他說：「我追求什麼東西都是瘋狂的，有時為了得到，即使死了也願意。」請問這句話代表什麼關鍵點？你會追問他什麼問題？

問題2：黎智英說：「因為市場無情的競爭，讓我不得不如此。」請問這句話代表什麼關鍵點？你會如何追問？

問題3：由於黎智英父親早逝，他內心渴望知道父親會怎麼看待他的成就？雖然這永無答案，但是當黎智英說：「我希望他回來跟我說，你做對了。」請問這句話代表什麼關鍵點？接下來你會問他什麼問題？

PART IV

實戰篇

PRACTICE

五種精準提問
類型的應用

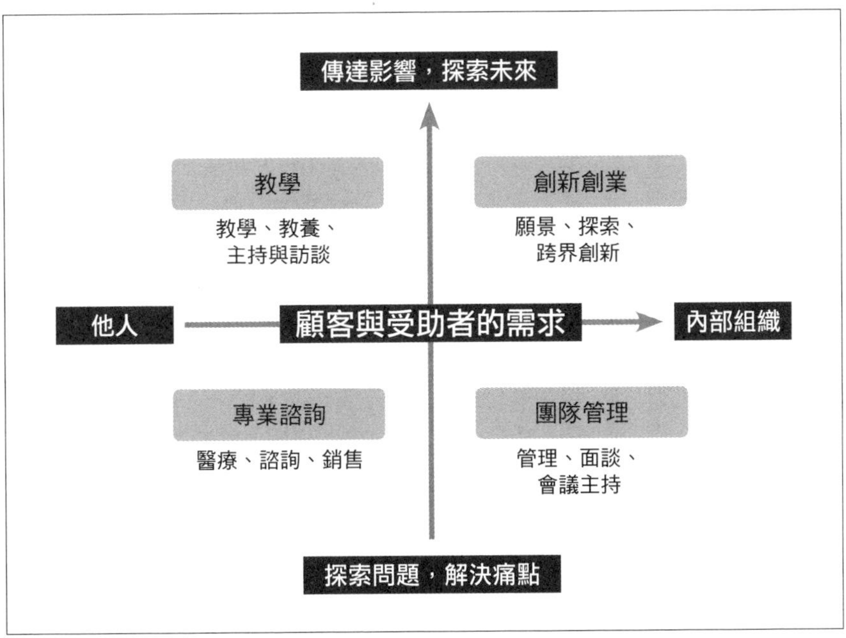
傳達影響，探索未來
教學
教學、教養、
主持與訪談
創新創業
願景、探索、
跨界創新
他人
顧客與受助者的需求
內部組織
專業諮詢
醫療、諮詢、銷售
團隊管理
管理、面談、
會議主持
探索問題，解決痛點

圖II 提問力應用類型

第十二章

創業者和高階主管的提問創新力

創業者與企業高階主管都是走鋼索的人。他們一面要向外眺望，因應市場詭譎的變化，找尋創新的機會；一面又要對內領導公司團隊，防止組織出現各自為政、溝通不良的僵化狀況，讓公司失去競爭力。

這條鋼索是一條曲折的S曲線。事業發展一開始透過大量投入的創新與執行，逐漸向上攀升，當進入曲線轉折點，走向高速成長的陡峭歷程，最後當成長動力趨緩，市場也已飽和，開始逐步下滑。

S曲線呈現創新的兩難。管理學者克里斯汀生（Clayton Christensen）認為，市場領導者長久累積的優勢，在時間演化、顧客需求的改變、甚至是新市場與新科技的帶動下，會出現僵化狀況，新的競爭者會透過「破壞式創新」顛覆產業龍頭的地位，創造屬於挑戰者的S曲線。

因此，管理學者韓第（Charles Handy）在《第二曲線》呼籲，必須在第一曲線尚未觸頂前，就展開第二曲線，才能掌握充足的資源（時間、金錢與精力），否則等待曲線滑落之後，再努力逆流而上，不僅耗費更多力氣，也會付出更多代價。問題來了。我們要如何克服創新的兩難，還能運用創新能力，繼續創造下一條S曲線？

發現商數讓你提出創新的構想

我們永遠不知道答案，只能隨時保持開放創新的心態，有意識地探索與發現各種可能性。克里斯汀生在《創新者的DNA》提到，創新者與眾不同的創新構想，在於「發現商數」（DQ，discovery quotient）。這是運用了五種發現的技巧，包括：疑問、觀察、社交、實驗與聯想，創新者能夠提出疑問，觀察周遭世界、有多樣化人脈，不斷嘗試新體驗、試驗新構想，最後能將不相關領域的問題與構想連結起來。

發現商數的發動機，就是提問力。根據克里斯汀生的深度訪談，所有的傑出創業家，很少同時具備這五種能力，但是他們普遍具有聯想力與疑問力。他認為提問是這些創新者自然產生的習慣，也是它們進行觀察、社交與實驗的創意催化劑。

克里斯汀生發現，大部分企業高階主管的發現商數都不高，他們擅於執行，具有分析、規劃、細節導向與有紀律的執行力，在公司穩定階段，需要執行力強的主管，但是當公司日漸成熟、甚至走下坡時，需要注入新的成長事業時，就需要具有發現技巧的團隊。

「大型組織的多數主管不懂得如何不同凡想，他們在公司裡沒學到，商學院也只是教他們如何成為優秀的執行者，沒教他們如何當個發現者。」克里斯汀生強調。

因此，面對快速變動的外部環境，以及防止組織內部陷入僵化狀態，創業者與高階主管需要培養發現商數、成為一位持續創新的發現者。我把這種獨特能力定義為「發現者思維」，讓人能夠跳脫自我，從外在視角來看待自己的角色、事業與組織，並運用提問力找尋創新的機會。

發現者思維的提問力

我們在本章要討論如何培養具有創意思維的提問力，持續開啟新的S曲線。我認為，創新提問力主要有三個面向：發現者思維的跨領域提問力，貼近現場的提問力，與自我顛覆的提問力。

先談談發現者思維的跨領域提問力。社會學家伯特（Ronald Burt）的「結構洞」（structural hole）理論，很值得我們參考。他認為大多數的人際網絡不像蜘蛛網的綿密擴展，而是都處在單一同溫層，因為我們習慣在特定領域圈子累積個人名聲與社會地位，有既定的圈內人行話用語，造成不同圈子彼此很難交流理解，也導致訊息無法流通。伯特把這種流通性很低的內部訊息稱為「黏滯訊息」，因為訊息黏附在某個地方停滯不動。

不同圈子就是一個封閉結構，這些結構之間產生許多訊息缺口，伯特稱之為「結構洞」。如果有人能與不同圈子保持密切關係，又能在這些高牆之間扮演橋樑，溝通與傳遞訊息，就能填補結構洞。

根據伯特的研究，如果身處開放的網絡中，獲得的薪酬與升遷，遠比在封閉網絡中高。網絡愈開放，我們愈有機會接觸新觀點，網絡愈封閉，就產生一定的潛規則，我們的想法觀點愈一致，不易創新。

因而，我們必須跳脫同溫層的限制，知道不同圈子的狀況，適時交流不同的想法與情報，或是介紹不同圈子的人進行溝通互動，才能獲得珍貴的情報，刺激新的想法。

因此，發現者思維類似於人類學家的角度，是從客觀角度來看不同領域的變化，並且能反思自己的狀況。跨領域提問力是透過多樣性的跨領域交流，藉由提問來挖掘有趣的、黏滯的構想，進而找到整合與創新的機會。

克里斯汀生在《創新者的DNA》強調，創造力不是與生俱來的稟賦，而是可以不斷精進與熟練。他調查，這些企業創辦人花在發現活動（疑問、觀察、實驗與社交）上的時間，比一般公司執行長多出50％以上。「創新者必須一貫地不同凡行，才能夠不同凡想。」

我們可以自我檢視，每週工作中運用在發現與執行時間比例，如果從事發現的時間比例在50％以上，就有助於創新工作與創造機會。萬一工作花在執行的時間超過一半以上，就必須自我警惕，刻意增加發現活動的比重，刺激與提升自己的DQ。

跨領域交流的步驟

發現者跨領域提問該問哪些問題，又要怎麼問？

以我自己為例。以前當記者的時候，我會在截稿後的空檔、構思下一期主題之前，或是平常的彈性時間，去拜訪不同領域、有很多見解又健談的專家朋友。另外，也會請朋友介紹、或主動約訪一些我想認識、可以形成未來題目的專家或有趣人物，用電話或當面交流，藉此了解他們的想法，刺激自己產生不同觀點。

我也不能只是一味地索取他人見解，因為對方也希望從我這裡得到一些有趣的情報或想法。我也會把最近觀察的、遇到有趣的議題，或是有趣的人事物，甚至是已有初步想法的題材，拿出來交流討論，請他們提供建議。

我的問題都是先從「什麼」（what）開始問起。我主要都會問他們：「最近關心什麼？有什麼有趣的事情？遇到哪些有趣的人？這些有趣的人的特色與想法是什麼？」

由於初步交流都是很發散的交流，類似承轉力的過程，再透過5W1H的提問與整合，釐清事物發生的來龍去脈與脈絡，再持續深入挖掘。

有了大致輪廓之後，接著開始進入怎麼、如何（how）。我們可以透過正向提問力的方式，了解事情發生的因果關係，進一步找出問題是什麼？真正的難題或痛點是什麼？

接著，我們要運用重點力來歸納整理。我們藉此找到可以深入了解的問題和追問的線索，或是請朋友介紹更適合的人，透過更多的資料收集與訪談，來發展我的主題。

用提問打破框架的人生個案

我曾出版一本《機會效應》，書中內容是採訪許多不同領域的專業人士，找出他們在人生與事業的轉折點創造第二曲線的故事與方法。

《機會效應》出版沒多久，有位開連鎖旅館的企業家，出國前無意間在機場買了這本書，在飛機上看完之後，將書上提到的十七個人物抄在筆記本上，希望有機會能一一去拜訪他們進行交流。

他第一個想找的人，就是作者我本人。他來參加我的一場大型演講，除了在現場互動，也約了我與書上另外一位人物，我的好友、兼長期合作的夥伴，知名的聲音表達講師周震宇一起吃飯。

我們就是輕鬆分享個人的故事，曾經遇到的難題與挑戰，如何克服，以及經歷不同轉折後的人生體悟。

這個會晤過程，就像我採訪與撰寫《機會效應》中的主人翁，他們來自不同專業，涵蓋了醫療、社會企業、農業、教育訓練、簡報、餐飲、藝術、命理、零售、編輯、內衣、服務與教育等。我與他們的認識幾乎都是機緣巧合，包括透過臉書認識、我課堂上的學員，或是有過合作經驗，例如辦講座、課程、旅行等活動。

藉由訪談交流來了解他們的專業，與深藏其中的故事與知識，激盪不少有趣的火花，進而打開我的視野。在交流過程中，他們也聽到我分享其他人的故事與特色而大開眼界，從中找到可以創新與學習的方法。

貼近現場的提問力

除了發現者的跨領域提問，現場近距離式的觀察與提問，也能幫助我們提高創新能力。

美國總統小羅斯福（Franklin Roosevelt），就是一位創新提問的高手。他刻意經營一個綿密的訊息網絡，包括企業界人士、學者以及親朋好友，他們成為他在政府體系之外的眼睛和耳朵。「去看看到底發生了什麼事，」他曾經跟朋友這麼說：「看看我們做的事情到底有什麼結果。跟人們聊聊天，用鼻子嗅嗅外面的氣氛。」

第一夫人依蓮娜．羅斯福（Eleanor Roosevelt）是他最得力的助手。她經常在未通知主辦單位的情況下到處訪視，這樣可避免只看到經過包裝的成果。她會在現場跟各級主管以及相關人員聊天，再做一份很詳細的報告交給羅斯福。「幾年下來，我成了愈來愈棒的記者，還是個愈來愈好的觀察員。」她說：「之所以能這樣，最主要的原因是總統會問的問題範圍非常廣，逼得我不得不去注意所有大大小小的事。」

故事就在現場，創新也在現場。在現場，我們才能近距離檢視我們的所思所想與所作所為，到底對不對，哪裡有問題？哪裡可以改善，哪裡還能夠創新？這些第一手觀察後的提問最珍貴，因為無人可以取代你的眼睛，只有你能從現場的枝微末節中，看到創新的機會點。

人類學家就強調田野現場的觀察能力；要將所見所聞鉅細彌遺地記錄下來，先客觀地描述外在現象，接著重新詮釋，了解現象背後的意義，才能找出關鍵亮點。

我在《機會效應》撰寫一位女性創業者Karen梁的故事。她運用電子商務，開創一個高人氣的平價女性內衣品牌「BossLady薄蕾絲嚴選」，但這個創業並不在她的預期內。原本她只是想成為內衣達人與網紅，透過部落格、出書與上電視節目，打出知名度，再透過團購內衣來賺錢，沒想到事與願違，團購內衣的市場不如預期，卻發現部落格不少人留言，希望她能陪伴買內衣。

她無法理解，這樣涉及個人隱私的事情，為什麼希望她參與？她就抱著「為什麼不」的心態來幫忙，陪幾位網友買內衣，經過現場實地了解之後，她發現許多女生試穿內衣有很多困擾，過程充滿壓力。例如櫃姐會碰觸她們的胸部，或是服務態度不好，如果不買，還會遭受白眼，最後也買不到適合自己胸型的內衣，反而更沮喪。

「她們需要有信任感的專家來幫忙，就像好姐妹去逛街一樣，能給予真誠意見，」Karen領悟到這層意涵，原來要更深入了解使用者的痛點與需求。於是，她積極地協助網友試穿內衣，而且將試穿心得與感想拍成影片，放在部落格上，引發大家的關注與討論，讓她的部落格人氣愈來愈高。

當Karen採取近距離檢視，了解消費者隱藏的需求與痛點之後，也促發她的創業方向。她決定打造一個內衣品牌，能為女性帶來安全感與信任感，還能找到符合自己身材的內衣尺寸，而非用自己的身體去適應不合身的內衣。

自我顛覆的提問力

當我們透過觀察，產生疑問與好奇，從「什麼」與「如何」兩個問題仔細思考、提問，我們就能清楚描述現象與狀況，最後再自我提問：「我可以怎麼做」。

對於創新者來說，最巨大、最有顛覆性的提問，就是問自己「為什麼不」、「如果……會如何」（If...）。這是一種運用假設，轉換角度和立場，從未來反推思考，讓自己能突破框架的提問力。

知名企業英特爾（Intel）就以自我顛覆的提問，寫下逆轉勝的故事。一九八〇年代中期，英特爾縱橫晶片市場，卻面臨日本對手以低價積極搶攻，導致獲利大幅衰退，面臨經營困境。

英特爾執行長葛洛夫（Andrea Grove）在《十倍速時代》回憶，當時走進創辦人摩爾（Gordon Moore）的辦公室，他站在摩爾面前問：「『如果』董事會把我們踢出去，換一個新的最高執行長，你想他會怎麼做？」高登毫不猶豫地說：「他會叫英特爾丟棄記憶體的生意。」這時，我直盯著高登，啞口無言，過了一會兒才說：「我們『幹嘛不』自己這麼做？我們這就走出門去，再回來，自己動手吧。」這個「自廢武功」的策略轉折，讓英特爾將重心轉向當時尚未深耕的微處理器市場，走出死亡之谷，更造就英特爾日後的獨霸地位。

「如果……會如何」與「為什麼不」是一種不同於現狀的想像與思考，想像世界會有何種變化，而非受制於當下，只能討論現狀。《造局者》認為這是一種「反事實」思維、或是平行現實思維，意思就是跟現實不同的思考實驗。這不是一種自由聯想，而是有專注的目標，有邏輯地去推理現實世界的狀況，在理解現狀的同時，去想像未來可能性。「『反事實的思考』讓我們能夠填補起這個世界『有可能會如何』的空白。」《造局者》

指出。

當我們提出這種反事實思維的提問之後，就要展開積極作為，去填補提問後要回答的空白。例如為了讓公司轉型，葛洛夫開始刻意挪出大量時間，來結識不同產業的人。他逐一打電話，訂下約會，並親自見面，他得嚥下往日的自尊，虛心求教不懂的事情，他做了大量筆記，再帶著問題回來向公司內部的專家請教。

「我所學到的教訓，是我們每一個人都有必要把自己暴露在改變的風潮下。」葛洛夫在《十倍速時代》強調：「不要害怕那些本來就經常挑我們毛病的人，例如記者或金融界的人，講出什麼不中聽的話。你不妨來個主客易位，反問他們一些問題，包括關於競爭對手的問題，關於業界潮流的問題。你當然也可以問問看，他們認為我們最應該關心的是什麼問題。只要把自己丟進嚴酷的現實世界，我們的判斷力和直覺就會迅速再度磨利。」

這是一種運用提問力的謙虛學習之心，放下自己的驕傲、成就與自尊，心態歸零，跟自己的情緒保持客觀距離，就能對外詢問與請教他人的建議與看法。

老實說，這很難做到，卻是創新者、領導人與創業者責無旁貸的任務。

最好的創新者，就是好奇探索的發現者，更是最好的學習者，提問讓他們更懂學習、更能突破現狀，創造自己的機會。

提問力，則是與創新者同行的關鍵能力。

提問練習

身為一位創業者、或是組織內的主管，要提升自己的發現者思維，需要多練習問三種類型的問題：「什麼」與「如何」，「為什麼不」與「如果……會如何」。以下三種情境，請你試著運用這三種提問方式。

問題1：如果與外界不同領域的朋友交流，當他們說了好幾個你不熟悉的專有名詞，你會怎麼提問，去了解你不熟悉的事物？

問題2：如果你在工作現場看到不了解的狀況，你會問同事哪些問題？

問題3：如果你的同事、部屬提出一些你不太了解的計畫，你會怎麼提問，進一步深入了解？

第十三章

中階主管的提問領導力

我在媒體工作十二年，最難忘的經歷是擔任一個專案刊物負責人。二〇〇五年我臨時接下《三一九鄉》專刊主編工作，需要將當時全台三一九鄉鎮都跑遍，報導各地有趣的餐飲與旅遊內容，還要在三個半月內出刊。

這個工作最大的挑戰不是收集海量的資訊，而是在於執行專案的人力。我沒有基本團隊，得自己找記者，詢問社內的幾位總編輯，幾乎都以人力不足為由，婉拒支援。

我持續向各個雜誌主管遊說，也請雜誌發行人幫忙，勉強籌組一個雜牌軍團隊。有些記者只能暫時支援幾天，有些資淺記者必須晚點才能投入，我也以培訓名義，借調幾個剛報到的新人。我同時遊說其他部門（行銷、網路、財務部）的同事協助採訪，讓他們下鄉旅行、順便採訪，也舒緩人力不足的壓力。

為了激勵大家，我開放大家自由認領採訪地點。每天下班前，我都會打電話詢問同事的工作進度，還得解決每個記者遇到的問題，像是車壞了、採訪有狀況、住宿有問題。

我每天待在專案辦公室，規劃刊物內容，安排工作流程，找尋人力就像在調頭寸，還得訓練雜牌軍採訪寫作與拍照能力。一個月後，進度嚴重落後。每當完成一個鄉鎮，我就會在牆上貼滿二十五縣市、三一九鄉鎮的地圖上塗色，但牆上的地圖像補丁一樣七零八落。

為了要解決進度落後的問題，有天週五傍晚，我與專案經理、也是我大學學長許癸鎣兩人站在白板前，討論如何調整策略。當時的解決方案就是增加更多人手，面試更多特約記者，再徵召更多其他部門的同事。我在白板上寫下未來的佈局策略，準備週一上班再跟團隊討論。

週一我一進辦公室，只見白板一片空白，原本的內容都不見了。原來是有另一部門的同事帶兒子來加班，兒子跑到會議室，擦掉白板上的字、在上面畫畫。媽媽一直跟我賠不是，我只能說沒關係，無奈地走回會議室。

許癸鎣安慰我，老天爺一定是認為我們的做法有問題，才會派一個小孩子擦掉我們的計畫。我重新思考問題癥結點，在白板上填上彰化、雲林、高雄與屏東這幾個還沒進行、也是鄉鎮數量最多的區域。我決定組成三個軍團，由三個年輕記者各自率領兩、三位資淺記者，共同完成採訪工作。三個軍團以外的區域，就由其他機動部隊去執行。

我語重心長對這幾位團長說，他們任務重大，只要有一個鄉沒完成，就不能出刊，三個軍團必須相互合作。有了使命，他們不再是單兵作戰；軍團的規劃策略，也讓工作者有了強大的向心力，超前進度完成工作。高屏軍團的團長辜樹仁說，「大家相信會完成，就一定會完成，團隊沒有信心，就不會完成。」

這場逆轉勝的經驗，是我職涯最難忘的故事。原本我都把責任攬在自己身上，每個記者各自對我負責，導致效率不佳、進度落後，但因為寫在白板上的計畫被擦掉了，逼使我跳脫框架，運用正向提問力重新思考團隊管理，解決人力不足、各自為政的問題。我學到，要讓團隊建立共同使命，賦予任務與意義，他們就能主動面對問題，並解決問題。

「領導者不是問題解決者，而是問題給予者，讓下屬面對問題，思考解決方法，並採取行動。」《QBQ》指出。

這段我親身經歷的故事，也是許多主管面臨的挑戰。傳統的主管被視為萬能，應該要針對各個問題提出答案，長期下來，不只搞得自己筋疲力竭，團隊也習於一個口令一個動作，缺乏主動思考與解決問題的習慣；加上市場與技術變化大，主管不可能樣樣精通，該如何管理與領導團隊，培養團隊意識與創造力，能夠承上啟下，正是主管們要克服的重要挑戰。

這也是本章要討論的主題。組織內部的中階主管，要如何運用提問力領導與管理團隊，包括了解每個人的狀況，引導正向思考，讓工作有意義；並透過提問力建立團隊對話與共識；最後是主管如何活用正向提問力，引導團隊面對問題，找出解決方案，培養更好的創造力。

主管像教練，透過面談提升部屬思考力

如果主管像教練，引導與協助部屬充分發揮能力，打好每場戰役，前提是主管要能透過有效溝通，讓同仁自己思考，以創意尋求突破，找出解決方案，如此，每位部屬就能有更多發揮空間。

然而企業主管的有效溝通，關鍵不在說，而是聽。知名管理學者司徒達賢在《司徒達賢談個案教學》指出，任何組織的居高位者，只著重「講」而非「聽」，造成地位愈高、聽力愈差的現象。他強調，專心聆聽是一種能力與習慣，因為非常消耗腦力，必須不斷訓

練來提升能力。

比方曾經擔任過賈伯斯、Google創辦人佩吉諮詢顧問與教練的比爾·坎貝爾（Bill Campbell），他就是透過一再提問與仔細聆聽，而非指導、直接給予答案的方式，讓高階主管弄清楚什麼才是真正重要的事。「領導者應該提問沒有標準答案的問題，接著認真聆聽回應。」《教練》這本書就是他指導過的企業家，回憶他過往運用教練方式的心法。

這本書也引用二〇一六年《哈佛商業評論》的文章來強調主管的聆聽力：「提問對於成為優秀聆聽者至關緊要，能不時提出問題、找出隱藏涵義與洞見，是最懂得聆聽的人。」

因此，主管要能運用AAAR的對話四循環，以及承轉力、正向提問力、重點力與追問力的技巧，深入與每位同仁交談，了解他們的想法、工作上遭遇的挑戰，給他們發揮空間，以及引導他們找到解決方案。

一對一面談的領導技能

在團隊領導上，最關鍵的力量是喚起同仁的責任感與意義感。《動機，單純的力量》作者品克（Daniel Pink）認為，要創造工作的價值感，來自重視肯定與回饋的內在驅力。他認為，產生內在驅力動機的養分有三個元素，包括自主、專精與目的。員工有自主控制感、不是被外界逼迫限制，就會更主動投入，持續精進工作能力，從工作中體悟到意義與價值感，就能建立自己的長遠目的。

因此，主管想與同仁有效溝通，培養他們找到自主、專精與目的的內在動機，最好方式就是與同仁進行一對一面談，由此培養自己的管理技能。

《葛洛夫給經理人的第一課》提到，英特爾的管理哲學中，主管和部屬間的「例行性一對一會議」是基本功課之一。藉由討論特定的問題或狀況，主管傳授部屬所需的技能，並教他如何切入；在此同時，部屬也提供主管所需資訊，讓主管了解他如何進行手上的案子。「我必須承認，不僅對我，而且是對大多數的經理人而言，最重要的資訊來源往往來自於簡短而且非正式的談話中。」葛洛夫寫著。

主管需要有問題意識來構思與引導對談。會談前先思考主題屬於哪一個象限的問題意識（編按：參考第三章頁68，圖3-4），是人際溝通、還是外在現象與議題的討論，再運用不同象限的方法來引導同仁思考與表達。

葛洛夫認為，主管是一個協調者、也是一位教練。他引述杜拉克說過的話：「善用時間的經理人不必告訴部屬他們的問題——但他知道怎麼讓部屬告訴他他們的問題。」

關鍵就是持續地提問，引導同仁思考問題、整理想法。葛洛夫有個小祕訣：「再多問一個問題。」就是當經理人覺得部屬已經講完想說的事，應該再多問一個問題，藉著發問來交流，一直到彼此都覺得已經「知無不言，言無不盡」。

這個過程是讓同仁練習找出真正的問題，以及聚焦在最重要的事情。因為同仁有時對自己沒信心，會把時間與焦點放在小事情上、或是抱持拖延心態，不願意面對真正的問題。主管從會談中適時提醒同仁，將注意力拉回來，鼓勵他們找出方法、面對困難。

面談結束後，主管可以運用重點力的方式，請對方歸納整理會談的重點力。一方面是確認雙方理解的內容與方向是否一致，一方面則是訓練同仁抓重點的能力，如果有落差，主管可以適時給予回饋，如果同仁領悟到不同的啟發，對於主管來說，也是一個相互的學習。

利用會議建立團隊對話

除了一對一面談之外，如何有效主持會議，建立團隊對話空間，也是主管的重要任務。

我以前曾是知名休閒旅宿餐飲品牌「薰衣草森林」的顧問。當時薰衣草森林執行長（現為董事長）王村煌向我反映，一個月前他在主管會議要求主管讀一本書，等到他想要討論時，主管們竟然說執行長沒講過，「你說，是不是他們有問題？」「問題是你，」我冷靜回答。村煌眼睛瞪很大，不可置信。「你說了，他們沒聽進去，就等於你沒說，因為主管們要記住的事情實在太多了。」

這個情況也是許多主管開會常遇到的問題。不論是主管會議、部門會議或跨部門會議，都是在溝通，如果回到傳統的單向溝通，階級愈高的人講愈多話，大家只是被動聆聽，就失去溝通的真意。另外，都是主管在講話，或是部屬報告只以主管為核心，其他人也不會積極聆聽和參與，無法建立共識，也失去互相交流學習的價值。

以我多年擔任企業顧問、開設工作坊的經驗，主管擔任會議主持人，運用承轉力、正向提問力、重點力與追問力的方式，最能建立團隊對話共識，進行深度匯談[1]，也讓團隊能從主管的親身示範中，學習提問力、聆聽力、專注力與重點力，能應用在自己、或是小組討論上。

主管在會議開場的暖身，要運用承轉力讓大家的情緒與思考都進入交流狀態。如果一開始馬上進入問題導向的理性討論，每個人的大腦都還沒開機，心情還沒調整好，很難好好對話。如果先聊聊最近、上一週大家都去哪玩、吃什麼？或是發生什麼有趣的事當開場，反而讓與會者放鬆心情，認真聽別人說話，也能讓團隊把彼此當成是活生生有感情的人，有親近與連結感，而不是一個只有專業、難以親近的人。

主管率先為會議暖身，目的是營造一個內在動機的信任氛圍。《教練》這本書強調，「有趣的工作環境」與「更好的工作表現」之間有著直接關聯，聊聊每個人的家庭生活、各自覺得有趣的事，稱之為「社會情緒溝通」（socioemotional communication），這種簡單方式就能創造出有趣的工作環境。

有了好情緒與答話感，大家就能進入會議主題，此時主管可接著運用正向提問力與重

1 經典商管書《第五項修練》主張，組織團隊要能進行深度匯談（Dialogue），這不是一般的對話，而是不同角度的探究對話。進行深度匯談有三要件：（1）團隊成員彼此願意接受詢問與修正。（2）願意補足與加強彼此的理解，深度思考問題。（3）主管要做示範，引導思考與討論。

點力來引導團隊討論與思考。團隊溝通跟一對一溝通不同，在於主管扮演的主持人角色，需要讓不同的人都能集中注意力，聆聽不同人的發言。

主持人第一層運用的重點力，在於快速摘要、整理他人說話的重點，也要讓參與者積極參與。主持人可以點名、或是激勵同仁主動歸納整理他人說話的重點，確保大家都有聽懂，如果不清楚，就請報告人能夠詳加說明。

主持人第二層要運用的重點力，在於整合觀點。在會議上，提問的目的不僅在澄清觀點與確認資料數據狀況，也試圖提升參與者的思考力。主持人可以適度評論、回饋同仁的發言，並嘗試整理、歸納不同人的想法，提出一個更好的觀點，讓會議進行過程隨時都能出現不同觀點，而不是一言堂、聽命行事。

有效建立團隊對話、激勵創意的關鍵，取決於主管的個人心態。[2]主管必須放棄自行預設的結論，運用正向提問力來啟發與引導，鼓勵大家思考與參與，就可能提出超越預期、更好的想法與做法。

主管透過會議討論，不只是了解進度，更能培養同仁的問題意識與思考能力。主管可以透過團隊溝通四象限（參考圖13－1），循序漸進地讓大家從現象找到問題，從問題聚焦到難題，再從難題運用正向提問力，打破思考框架，從既有經驗去找尋亮點，去思考解

2　主管放下自我中心的心態，以對方、團隊為中心，真心聆聽與請教，運用提問力來帶動團隊溝通。《教練》認為這能夠激發跟隨者的三種感知：效能感（competence），感到被挑戰，然後試圖戰勝；歸屬感（relatedness），亦即有同舟共濟的感覺；自主感（autonomy），感覺自己能掌控局面，同時有選擇權。

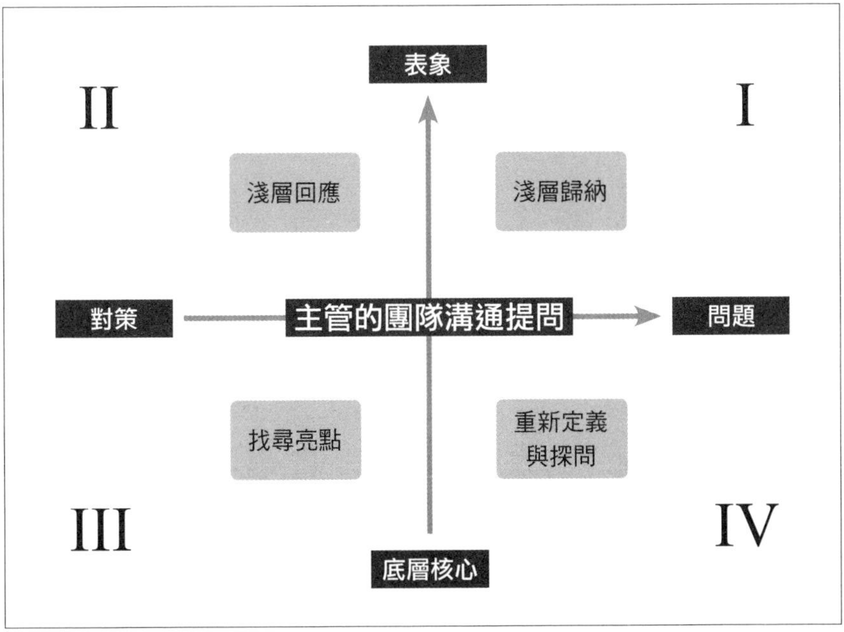

圖13-1主管的團隊溝通提問

決方案。

個案討論：公務團隊與標案廠商的共識凝聚

某次，我協助地方政府農業處處長去協助標案廠商與公務團隊溝通。由於政府計劃經常被切割很細，標案廠商只能根據既有的績效指標去執行，缺乏整合資源的共識與能力，導致成效不佳。因此，處長希望我能引導公務同仁與廠商建立共識，才能整合資源與活用資源。

我先讓公務同仁與承接標案的各公司一起思考自己的計畫目標。如果大家報告的目標只有概念，過於抽象，不易理解，就表示沒有思考清楚，對計畫內容缺乏深度認識，雙方就不易溝通。

首先，我運用第一象限初步的淺層歸納，嘗試引導他們把目標陳述的更具體，才能達到有效溝通。例如某單位的目標是讓在地業者「智慧化」，我就問：「智慧化的意思是什麼？是讓業者更聰明嗎？運用什麼工具還是方法讓他們更有智慧？可否舉個例子讓我們更明白？」對方說：「例如數位化、大數據，可用在行銷上。」這樣的說明仍然很模糊，我請其他同仁表達自己的看法。幾位同仁說：「可能是網路行銷，或是電商……」

但實際上「智慧化」不完全是這個意思。廠商與公務團隊彼此不理解，就很難有具體共識。我透過淺層歸納，讓對方表述上可以更具體：「是類似運用數位科技、像手機來經營粉絲頁嗎？」對方說對，類似這樣的方式，運用數位工具進行對外行銷。

我先帶領大家一起確認了三個目標，分別是：社區組織要能建立共識與整合，建立商品與深度遊程，以及對外行銷，接著讓大家練習培養問題意識。我提出的問題是在這三個目標下，這幾家要輔導地方社區的公司，遇到什麼阻礙或挑戰，需要提升與改進？

第二階段就是第四象限、重新定義問題的正向提問與深入追問，引導大家深入思考。由於大家提出的都是地方專業不足、派系林立、意見不易整合，不懂行銷，世代差異等，這只是現象，因為都是既有狀況，就會變成只是抱怨、或是卸責，沒有正向思考的問題意識。我反問：「這些問題都是既有的，政府不就是請你們來提案解決嗎？如果這都是問題，那我們的優勢在哪裡，要怎麼運用你們的專業來改善、或是進行創新？」

透過反問法，大家突然領悟到，這就是他們的專業要來克服的挑戰。我運用正向提問力來轉換他們的思考，「那我們該怎麼來解決問題？」大家開始運用「如何」、「怎麼」來思考，例如要如何解決共識不足的問題，要如何提升他們專業能力，要如何提升地方的行銷能力。

這時進入第三階段、第二象限的淺層回應。我再重新歸納大家的提問與想法，回應大家轉換思考的共識。例如，如何有效地透過培訓課程來提升地方的共識，找出彼此的特色與需求。

最後進入第四階段、第三象限的找尋亮點。我請大家轉換焦點，從思考問題轉成思考對策：「有沒有曾經成功整合共識的經驗，有沒有成功提升地方行銷力的案例，有沒有提升地方應用數位工具的成功經驗？」

這個提問是刺激大家轉換視角，尋找成功亮點，找出成功方案背後的情境與方法，讓大家發現創新並不是遠在天邊，而是近在眼前，是容易找尋與學習的方法，也鼓勵大家相互學習，找到改變的方法。

我們很容易陷入過度分析問題，造成負面思考的惡性循環，反而找不出可以著力、改變與出發的第一步。主管適時運用找尋亮點的提問法，找出同仁之中曾經成功的經驗，問出解決問題過程的情境、想法與細節、步驟與方法，就能讓現場更多人可以聯想、連結與應用在自己身上。

知名心理學家葛格蘭特（Adam Grant）曾說：「一個人職位愈高，你的成功愈取決於能否讓他人獲得成功。」

一個好主管，也是一位好提問教練，更是一位優秀的會議主持人，能夠引發同仁的投入參與、活化思考表達能力，創造團隊的共識與工作意義，寫下自己對成功的新意義。

提問練習

當部屬有問題來找你時，例如客戶說今年沒有預算，因此不會有採購的需求，你會怎麼回應部屬的說明？請思考如何提出三個問題，來了解部屬與客戶溝通的狀況。

問題1：部屬說客戶今年沒預算，要如何提問？

問題2：如何透過提問，了解當時部屬如何與客戶溝通？

問題3：當客戶說沒預算，要如何引導部屬進一步與客戶溝通？

第十四章

專業服務者的提問影響力

我曾經引導醫護人員練習提問，希望增進與病人的溝通，有效提升身心健康。有一次的主題是「肺阻塞」。這是慢性支氣管炎及肺氣腫造成的肺部疾病，主因是抽菸、空氣污染等狀況，導致呼吸道不順暢，造成慢性咳嗽、呼吸困難與容易疲倦的症狀，必須靠支氣管擴張劑來減緩症狀，根本方法就是戒菸、防止肺功能繼續惡化。

許多護理師都說，不論怎麼宣導戒菸，用盡各種方法，戒菸班的病人幾乎都不聽，戒了又吸，總是有各種抽菸的理由。

護理師的勸導方式，是一種專家導向的推力，試圖用專業與知識來影響他人，但效果通常不佳。當我們具備專業知識時，往往會急著表達意見，藉此來影響他人，進而銷售理念、產品或服務。然而，有效溝通的關鍵，不是我們說了多少，而是對方聽進多少，以及後來產生什麼影響與改變。

專家導向的推力，如果換個說法，也是專業推銷。我們常以為銷售是業務人員的工作，其實現在已經是新型態的銷售時代了，《未來在等待的銷售人才》稱之為「非銷售的銷售」。作者丹尼爾．品克解釋，只要你的工作需要說服、影響、或取信他人，就是從事銷售工作。「如果你需要影響他人，那麼你就是從事銷售行為，」品克強調。

無形專業最難銷售。相對於可見的產品，無形的專業服務跟專業知識有關，服務對象與專業知識之間又有不小落差，顧客需要的不只是專業協助，更仰賴有效溝通與信任感，才能拉近雙方距離。

推力溝通反而拉大彼此距離。相反地，以顧客認知與感受為中心的溝通，找到對方深藏、不易言說的阻礙與痛點，才能發現內在需求，藉此拉近彼此距離，專家才有槓桿施力點。《如何改變一個人》指出，要想辦法降低人類慣性帶來的五個阻礙：第一是減少抗拒心理（Reactance），第二是減少維持現狀、多一事不如少一事的心態，第三是縮減認知距離，第四是降低不確定性的風險，第五是提出改變後的佐證。

這是許多專業服務者，例如醫護、社工、會計師、設計師、顧問，或是業務銷售人員經常遇到的挑戰與盲點。過去專業服務者習慣立刻解決眼前問題，卻忽略找出潛在的真正問題，病人、受助者、甚至是消費者，他們內心真正的問題與需求是什麼？「在過去，最優秀的推銷員擅長解決問題……，在今日他們必須擅長於問問題：找出可能性，讓潛在問題浮出水面，以及找出意料之外的問題。」《未來在等待的銷售人才》強調。

如同第二部提到的問題意識，很多問題可能只是現象，而非真正難題。以專業知識為主的專業服務者，要如何透過提問互動，拉近距離，建立信任感，讓顧客願意說出內心話，突破表象問題，找到真正難題，完成非銷售的銷售，是本章要探討的主題。

我在提問工作坊上跟學員分享正向提問的方法，有位護理師告訴我，她後來運用這個方法與一位七十歲的男性病患談話，積極聆聽他的回答，竟讓他願意戒菸了。

護理師當場到底問了什麼問題呢？讓我們先賣個關子。

轉換專家心態，銷售推力變提問拉力

根據我過去在不同專業領域開設培訓課程的經驗，從醫護、藥廠、社工、金融、高科技，甚至到精品彩妝，許多專業工作者與他人溝通時，都只停留在表面陳述，沒有接收到他人的言外之意，找到更豐富的線索。在這樣的溝通狀況之中，專業工作者無法提出更好的問題來了解細節，只能獲得對方片段零碎的訊息，無法拼出完整有意義的圖像。

箇中關鍵在於，專業工作者是否全神貫注在對方身上，積極聆聽。透過我在課程現場的示範與引導，學員觀察到：在對話中，我的神情專注，不斷在聆聽中整理對方說話的重點，聚焦對方的問題；如果我不確定對方表達的意思是什麼，就會重述一遍對方的想法或問題，確認彼此認知是否一致，再從中找出問題，或延伸問更多問題。

為什麼專業服務者不要急著想解決問題，而是應該去仔細找出更重要的問題？我認為，問題出在專業落差會掩蓋許多對話的真實性。許多人不擅長言語表達，尤其是遇到具有知識權威的專業服務者，更會特別緊張、有壓力，甚至是為了面子，不想表露太多問題。這些落差會造成他人說明或表述想法時，可能會斷斷續續、缺乏邏輯連貫性，或是有很多經驗遺漏不全，都需要專業服務者仔細地整理與釐清聆聽者的狀況。

醫療溝通是典型以專家為中心的推力溝通。醫護人員習慣用醫療專業說明病情與後續處理，但醫護人員不擅長提問，即使會詢問病人的想法，對方也說不清楚，醫護人員甚至也不確定病人能否理解對話內容與建議。

我曾多次協助醫生與護理師運用提問力、故事力，練習與病患溝通。以乳癌為例，醫護人員在課堂上告訴我，一般都是醫生告知病患罹患乳癌，說明如何治療之後，就交由護理師進行後續溝通與協助。但醫護人員發現，病人聽完專業解說，有些人並沒有依照指示來配合治療，一直拖到病情惡化後才求助就醫。

病人離開醫院之後到底發生什麼事情？為什麼會不注意自己的病情、延誤治療？種種難題，讓他們非常頭痛與不解。

《診療室裡的福爾摩斯》指出，很多醫生不知道如何面對疾病引起的情緒反應，他們只要求病人陳述事實，內心的感覺情緒都不必說出口。但是，疾病不是一連串症狀的組合，生病的經驗通常會和病人的感覺和意義交織在一起。

專業服務者的難題，在於太過知識導向，忽略對方的情緒感受。這類工作者要調整成以顧客、受助者為核心，進行提問導向的拉力溝通，透過好問題，引導對方思考、表達想法與情緒，像偵探般找到真正困擾的難題，建立有共鳴的信任感，才能有效解決問題。

挖掘潛在痛點：專業服務者的提問四象限（1）

專業服務者要學習提問導向的溝通，有四個象限可以參考運用（圖14-1）。第一與第四象限，關注的都是痛點、想解決的問題，第一象限是表面陳述的問題，第四象限則是透過提問引導，找到潛在的痛點。第二與第三象限則是關注未來的期待，屬於正向的目標。第二象限是表象的目標，第三象限則是潛在的渴望與目標。

我們先從解決問題開始說明。第一象限是先運用承轉力來建立連結與信任感。我們要把「你的問題是什麼……」轉變成邀請式提問「我能幫什麼忙」；前者是讓對方處於被動的一方發想問題，後者是讓對方成為主動的一方提出需求。光是這句話就會搭起友善的溝通橋樑，展現我們真誠謙遜的態度，邀請對方指引溝通的方向。

在第一象限的承轉力階段，專業服務者要讓對方

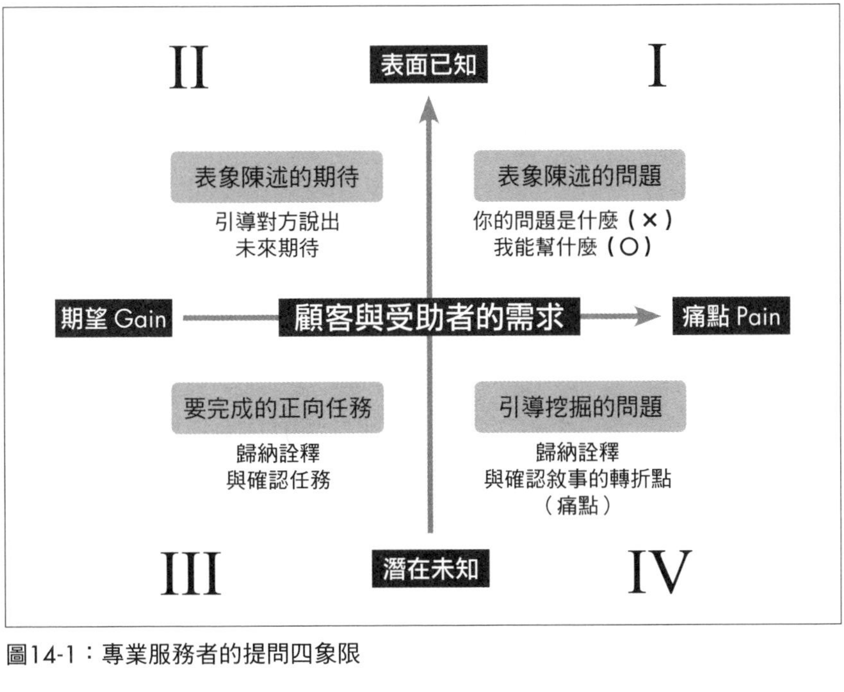

圖14-1：專業服務者的提問四象限

能夠好好說話。例如專業服務者必須運用鏡像反映來增強對方的安全感。如同本書第八章〈承轉力〉提到的，如果希望對方不會擔心自己開口顯得無趣、不專業，我們就要像鏡像反射般，讓自己的感受、表情與肢體語言能與對方同步，也就是：他們在對話中彷彿是在鏡子前看著自己，這樣的熟悉感就能讓他們侃侃而談。

第四象限同樣是解決問題，不同的是，我們要找到潛在未知的痛點。專業服務者需要積極聆聽，讓對方勇於表達，又要能聽出隱藏的重點，透過詮釋整理，才能適時提問，追根究柢。

專業服務者遇到的客戶，通常都是帶著痛點與需求來尋求專業諮詢或協助，背後都有內在的個人情緒與壓力。然而，當事人可能不擅言詞、或是很難把問題說清楚，只是細數各種瑣碎的想法感受，但找不到真正問題，也可能是難以言說的面子問題，光靠一問一答之間，簡短不清楚的回應，實在很難判斷問題癥結。

因此，專業服務者在這個階段需要運用提問引導與整理對方的經驗與想法，類似說故事的方式，將經驗整理出有順序、因果關係、有衝突轉折的內容，從中找出隱藏的難題痛點，透過交談與回應，逐步建立共識與信任感，才能一起努力克服挑戰。

為什麼幫助他人說故事這麼重要？顧客會來尋求專業服務者的協助，一定是遇到難以言說、不易解決的難題，阻礙了既有的生活與工作。尤其是罹患重大疾病的病人，他們遇到了人生的大轉折與挑戰，也必須做出重大人生課題的調整。專業服務者若能加以引導與訴說，將顧客遭遇的挑戰與困難，不論是在個人身心狀態、人際關係、工作或生活上的影響，都理出清楚的脈絡，當事人就能透過客觀的角度看待自己。

個案討論：醫療溝通的說故事與5W1H

為了改善專業服務上的溝通困難，我會引導醫護人員運用說故事的方法，將推力轉變成拉力，藉此挖掘病患個案逃避治療的原因。

這是一種換位練習，讓醫護人員從病人角度來思考和感受。醫護人員練習敘述醫病溝通過程的挑戰，以及後來如何成功解決難題的故事。

一個例子是，有位越南籍的病人，被醫生宣告罹癌之後，並未馬上住院就醫治療，拖了很久，複診時才說因為擔心沒人照料，所以遲遲沒有住院。護理師仔細詢問之後，才知道她已離婚，目前跟另外一位男性同居，她擔心男友知道病情後，不會願意陪伴與照料她，就一直延誤住院時機。護理師了解真正原因之後，向她說明志工團體、或是乳癌互助組織都會有人幫忙關心與照護，請她不用擔心，最後才順利住院治療。

這些隱藏、說不出口的問題，往往是病人冰山底層的痛點。但是在醫護專業壓力下，病人相對弱勢、專業不足，更不敢表達心情，當下只有一種五雷轟頂的徬徨與情緒。

專業服務者的提問力就像個探照燈。如何陪伴顧客、受助者或病人一起探索不確定的未來，而不是單向的指導，這樣，專業服務者才能找到符合他人需求、具體可行的改善方法。有時候，專業服務者光是幫助他人梳理問題，有效陳述經驗與想法，問題就已經解決了一大半。

同時間，提問力也像一個能夠栓緊、補強經驗之間連結的螺絲釘，幫助對方整理自己的經驗，陳述自己的故事。

《診療室裡的福爾摩斯》認為，要建立一個醫生與病人之間完整的疾病敘述，需要兩方合作，病人提供生病過程的素材，醫生則提供專業知識，將病人述說的病情整理與重組，加上醫學知識，變成病人可以了解的版本。

專業服務者可以透過5W1H來引導整理對方的思緒與想法，將散落的經驗行為、想法認知予以確認與梳理，才能深入了解當事人的需求，以及可能的盲點，甚至找到意外的轉折點與變化。專業服務者要釐清當事人真正糾結的難題，否則聽到與看到的都可能只是現象。

以前述的醫療個案來看，醫護人員多了解那位越南籍病人的外在環境脈絡（where&when），比方何人可以照顧？藉此多了解她的背景狀況（what），例如婚姻或交友狀況，接著往下探索內心痛點（why），包括對病情的看法（**觀點**）、情緒感受與期待，最後則是在治療康復後，想要獲得什麼（**渴望**）？如果能引導她陳述自己的狀況，慢慢說出自己的擔憂，就比較能了解核心問題。

傾聽需求，建立正向目標：專業服務者提問四象限（2）

我們繼續討論四象限的左方。第二象限重視的是正向期待與目標。專業服務者要運用正向提問力，幫助對方自己意識到問題，接著轉換問題的觀點，看到未來的解決方案、甚至是正向的目標。正如同第十章引述薩提爾，提問焦點要放在健康和正向的可能性上，不僅關注過去和現在發生了什麼，更關注未來可以成為什麼，進而成為更完整的人。

這正是運用提問探詢人們的內在動機，找到改變的自我動力。耶魯大學醫學院麥可·潘德隆（Michael V. Pantalon）在《6個問題，竟能說服各種人》中強調「動機式晤談」，也就是透過提問挖掘人們埋藏在心中的驅力，啟發人們的內在驅力，帶來行為的改變。

第三象限強調的則是，當專業服務者了解對方需求與內在動機之後，再提出建議方向與選擇，把主導權交由對方思考與選擇，這也是「非銷售的銷售」的核心精神。《未來在等待的銷售人才》強調，消費者不喜歡被催促的推銷，他們喜歡自我意識下的選擇，書上引述銷售專家喬·吉拉德的名言：「銷售產品的重點在於，如何說服對方，讓他自願購買！」

關鍵在於，專業服務者能否提出一個讓顧客能夠思考、受啟發或突破框架的問題，引發當事人的動機與渴望，才能提出有明確方向的專業建議？

個案討論：薰衣草森林的再改造

我以自己擔任顧問時的個案為例。創立超過二十年的薰衣草森林，從台中新社的薰衣草森林園區，已經茁壯成一個品牌集團，延伸到民宿、婚宴園區、餐飲零售，甚至在北海道開設民宿。

八年前，執行長王村煌（現為董事長）內心有個憂慮。薰衣草森林隨著企業規模增加、業績成長，已經成為知名品牌，但公司同仁原有的創意與熱情，卻逐漸消失。主管們習慣看數字業績、提企劃案，讓現場同仁配合執行，流暢的效率運作，讓大家逐漸習慣標準作業流程，缺少對顧客的感受，相對就沒有太多創新改變。

王村煌的憂慮，也是企業普遍面臨的問題。我當時擔任薰衣草森林的創意顧問，與公司一級主管一起到北海道參加見學之旅，希望藉由不同角度，觀察這家企業該如何找回創業時期的熱情。

在離開北海道搖晃的火車上，我提出一個關於薰衣草森林發展的核心問題，「未來十年，薰衣草森林的核心是薰衣草，還是森林？」因為薰衣草是浪漫的，有季節性、外來移植的，但是他們創業的地方，是偏鄉深山的森林，要繼續深化扎根，永續發展，還是維持表象浪漫？

企業的重點不同，發展模式就不同，我得先釐清企業的核心與目標，才知道協助方向。村煌沉思一會兒，簡潔回答：「森林，我希望未來是人才的森林、品牌的森林、具有社會影響力的企業。」

有了好問題、以及沉思後的審慎回答，企業改變的方向與任務就呼之欲出了。村煌的回答，也是我協助創新方案的起點，我們就以培養主管創造熱情、提升創新能力的方法，以新社的薰衣草森林園區為實驗場域（薰衣草森林有新社、新竹尖石兩個園區），各部門主管再將新社的經驗，延續到其他品牌跟園區。後來還延伸到高雄甲仙、與在地組織合作，成立一家有咖啡與餐飲、推廣在地故事與物產的友善平台「好好甲仙」。

薰衣草森林積極運用創新與友善的方向，連續兩年（二〇一五和二〇一六年）獲得了「天下雜誌企業公民獎」的肯定，品牌影響力更加擴大。

「人們只有在聽到自己說出採取行動的理由時，才會採取行動。」《6個問題，竟能說服各種人》強調。村煌在回應我的問題之後，也許就此更清楚了品牌未來的定位，以及如何運用創新能力，讓公司品牌更穩健地成長茁壯。

還記得本章一開頭，護理師成功地用提問說服肺阻塞病人戒菸。她是如何開口的？她的問題其實很簡單，「如果你會戒菸，當然不是說真的要戒菸，而是如果你會考慮戒菸，那會是因為什麼原因呢？」

那位護理師問了這位七十歲的男性病人，他突然沉默了一陣子，緩緩地說，「如果我真的會戒菸，是因為擔心以後不能陪孫子長大……」護理師充滿同理心地看著他，接著說：「那我們要不要一起試試看，把菸戒掉，然後健康地陪孫子長大？」

這個阿公點點頭，開啟了戒菸的第一步。這是第二象限表象陳述的期待，護理師轉換成為第三象限、可以努力執行正向任務，協助阿公說出目的，進而採取行動。

本章說明的提問四象限，讓我們看到，與其用力地推，不如運用提問力輕巧地拉，更能開拓專業服務者揮灑的空間。

提問練習

專業服務者最大的挑戰不是滔滔不絕地表達，而是真誠地提問與聆聽。因此，如何應用提問四象限，需要有意識地練習。

問題1：如果服務對象（或是受助者）說話很零碎雜亂，一時之間無法釐清他的問題、需求與抱怨，你該如何提問，幫助他把話清楚，把問題弄清楚？

問題2：如果服務對象（或是受助者）不太說話，只能問一題、答一題，互動不太順暢，你會問什麼問題，提升他的答話感，引發他說話的興趣？

問題3：如果服務對象（或是受助者）總是重複一樣的問題，沒有太多改善的狀況，當他再來找你時，如果你這次想要協助他有效解決問題，你會問他什麼問題、而且是過去沒問過的問題？

第十五章

教學現場的提問教學力

二〇二一年突如其來的疫情，讓學校老師、家長與學生都手忙腳亂，經歷一次學習方式的大變革。

我也不例外。疫情爆發前的五月中旬，我剛好在台中為負責國小藝術教育的老師與校長開設教學提問力工作坊，接下來的七月原本也安排了澎湖國中小社會科老師的相同課程。因為疫情的影響，澎湖的工作坊改為線上課程，並開放給台灣各地的老師報名學習。

線上教學成為我擔任講師的新挑戰。為了這門為期兩天、每天各四小時的線上課程，我先學習如何使用線上教學軟體，再邀請四位提問工作坊的舊學員擔任助教（兩位國中老師、一位大學行政秘書與文字工作者），我們用線上軟體開了兩次會議，熟悉軟體操作，以及如何引導分組學員互動討論。

學習的問題不是線上或線下，而是教學方法

我研究線上教學實務，發現跟實體課的進行方式有很大差異。線上課的教學無法像實體課一般機動迅速，內容要更簡單，實作練習也不能太複雜，我刪減原本安排的授課內容，大幅增加討論題目，希望促進學員線上的互動討論、降低講述的單調性。因為線上的分組討論不容易，我請學員運用留言板回答與提問，另外也增加學員的課前作業與課後作業，增加在線共同討論的素材。

透過提問導向的課程設計，這兩堂線上課扣緊了這群老師的問題與需求，四小時幾乎

沒有冷場，大家都能全程投入參與。

「原以為要一直抄重點筆記，沒想到洪老師一直拋問題，引導我們把想法釐清，也能清楚表達想法。」一位老師說，「讓我能反思如何將課本內容透過提問，去引導與確認學生的理解與表達能力。」

經歷停課不停學的線上教學洗禮，這群老師也提出自己遭遇的挑戰：實體課堂上只有三分之一專注投入的學生，轉為線上課後，原本投入的學生持續維持，但是其他同學狀況反而更差。

其實，學習不專注的問題，並不是線上或線下的教學形式，而是取決於老師的教學方法。如果老師在線上仍採取傳統的講述手法，缺少提問互動，這種獨角戲形式，對師生雙方都難以奏效。

「人天生好奇，但並非天生善於思考，除非認知條件恰當，否則我們會避免思考。」認知心理學家丹尼爾．威靈漢（Daniel T. Willingham）在《學生為什麼不喜歡上學？》指出，思考是花力氣的心智活動，包括解決問題、推理，閱讀複雜的東西，因此大腦被設計用來不思考，靠直覺來行事。「但是解決問題會帶來樂趣，因為成功的思考會有成就感與滿足感，但是只有思考難易適中的問題才有意義，太簡單或太困難的問題會不愉快。」

老師的教學任務，正是要為學生設計循序漸進的問題，引發學習動機與樂趣。《學生為什麼不喜歡上學？》強調，問題首先必須是有趣的、能與學生相關；其次要有足夠的背景脈絡知識，要能讓學生快速理解；最後是把問題轉為像推理劇一般的故事情節，具有引人入勝的問題，才能讓學生容易投入，且能幫助學習、增加記憶。

我常運用提問教學法來引導各領域的專業工作者，甚至是帶領國小、國中與高中生積極學習。譬如我在疫情爆發前，曾帶著四梯台東縣公所主管、每梯三十多人進行六小時的實體研討，從各種主題的提問引導、小組討論與實作練習，讓大家維持專注力參與學習，最後提出跨部門的整合企劃方案，希望能實際應用到工作上。

在課後問卷調查上，不少學員提到雖然上課時間緊湊密集，但是沒有疲乏無聊的感覺，課程的啟發性高，從開場破題勾起學習興趣，之後進行各種實作討論，透過提問反思與修正，大家都能練習邏輯思考與表達。

最崇高的教育，在於學習如何思考

「最崇高的教育，在於學習如何思考。」哈佛大學哲學教授、也是《正義：一場思辨之旅》作者邁克爾．桑德爾（Michael J. Sandel）直指教育核心。這幾年教育部大力推廣的素養教育，正是以如何思考做為核心，希望改善被動學習的狀態，在教學中以學生為中心，提升他們的思辨與表達能力。因此，各級學校老師開始改變教學方法，希望符合素養教育的標準。

然而，老師們過去接受的訓練，幾乎都是以講述、單向傳遞知識的方式為主，有些老師也習慣使用教科書已有的簡報、教案來授課。

「過去師培訓練沒有培養我們的教學魅力，使得學生不想聽我說話，」一位國小教務主任告訴我內心的壓力。我提醒他，問題不在於個人魅力，魅力只是熱鬧，卻無法提升思考，老師需要運用提問互動引導學生思考與表達，才能讓學生積極學習。

我觀察到，為了跳脫傳統的授課方式，一些想改變現狀的老師、甚至是從事教育訓練的企業講師，開始熱衷各種團康遊戲、桌遊、或是炫目的簡報技巧，設計吸引人的記憶方式與口號背誦，希望透過活動來引發學習動機，讓學生不會無聊。

然而，這樣熱鬧的教學活動之中，卻缺乏了思考基本功。「主動參與並不是說身體要一直動。主動參與是發生在我們的大腦，並不是在我們的腳。」法國知名的數學家、心理學家與認知神經科學家，史坦尼斯勒斯·狄漢（Stanislas Dehaene）在《大腦如何精準學習》強調，「最成功的教學法是引發學生的認知活動，而不是行為動作。」

這不是教學新招，而是從希臘哲人蘇格拉底以降、一直到哈佛教授桑德爾開設的熱門課程所運用的提問對話法，也是我在各種課程、甚至演講中持續應用的方式。

既然提問是基本且重要的教學方法，為什麼在學校教育之中沒有被廣泛運用？根據我在各級學校教老師、甚至教學生的經驗，歸納整理之後，我認為有三個原因：老師不敢問問題、不會問問題，以及自我中心的專家推力心態。

不敢問問題，在於老師擔心學生答非所問、或是超過他的理解與認知，無法掌握教學現場，於是老師就避免問問題，採取最快速有效的講授法當安全牌，把內容講完就好。

其次是不會問問題。老師的思考力不足，不清楚整個學科、每門課程要問什麼問題。老師習慣講解課本內容、抓重點，卻沒掌握背後的問題意識，無法消化拆解成自己能夠應用的方式，找出可以提問、引發思考的問題，導致只能照本宣科。「我很想教導學生批判性思維，但自己求學階段就沒有養成這樣的能力，教學時總是覺得卡卡的，也無法掌握透過提問引發學生深思的訣竅。」一位老師告訴我參加提問教學線上課的動機。

最後是自我中心的專家推力心態。就像上一章提到專家導向的推力，老師過於重視自我表現，忽略、或不在意學生真正的需求與學習，只用外在知識的陳述、或是個人風格來推動學生聆聽，儘管有如一場舞台演出，卻忽略教育的意義在於帶動學生思考。儘管學生處於被動聽講最舒適，老師必須運用提問引發學生的學習動機，讓學生轉換成主動的學習者，了解知識背後的道理，這才是最重要的學習。

提問教學對學生的效益

老師若能強化課堂上的提問教學，對於學生的學習可帶來三個重要影響。

第一是激發學生的思考能力。提問式互動教學的核心，在於老師提出一些值得思考、沒有標準答案，或是需要運用思考力進行推理，才能得出答案的好問題、好難題。透過學生發言陳述，老師協助他們進行比較完整的思考推論，老師再運用AAAR四循環的過程，發問、聆聽，覺察學生的感受與想法，運用重點摘要的方式提出回應，或是幫他釐清想法，把模糊的想法或意涵整理得更清楚。

第二是提高學習動機。如果課程內容一成不變，也會降低學生的學習動機，因為問題重複、或過於簡單，就會無聊、失去專注力。這時需要類似開車換檔，產生速度變化，提出更有挑戰性的問題，來維持、提升已有熱度的學習動機。

第三是確認理解狀況與加強記憶。提問能夠重新強化學習、幫助回想課程內容，因為學生很容易就自認理解了，注意力就會開始渙散，老師必須透過提問來檢核成果，請學生把想法表述清楚，才知道是否真的理解，以及協助達成有效記憶。

因此，我的公開課程在每個階段或各個主題結束前，都會要求學生（甚至強迫，否則學生常會有鬆懈的心理），透過五分鐘討論剛剛的實作或聆聽，到底學到什麼？小組彙整大家意見之後，寫下三個學習重點，張貼在白板上，並舉例說明。這個目的就是運用積極回想的方式，透過陳述與討論，強化剛剛學習的內容。我也能確認學生是否有吸收，從學生的學習心得中，老師也能檢討是否跟自己的期待有落差，還是有意想不到的收穫，都值得老師作為提升教學品質的參考。

蘇格拉底的提問對話技巧

傳統的背誦式學習是一種推力，要學生吸收外界知識。然而老師在課堂上努力講授內容，學生究竟了解多少，老師根本無法確認，學生也可能一知半解、或是裝懂，甚至不敢發問，導致學習效果不佳。

相反地，提問式學習則是運用拉力，透過提問來整理思緒，透過陳述、「換句話說」的方式來建立理解。

這個提問技巧源自於蘇格拉底式的對話法。希臘哲學家蘇格拉底喜歡透過一來一往的提問討論，釐清彼此的認知與邏輯的合理性；在整理與確認的過程中，若是發現有矛盾之處，就回到原點做更深度的思考。

擅長以蘇格拉底式對話討論的桑德爾，就帶領學生和聽眾，在直覺反應和哲學原則之間，反覆陳述、討論與思考。他通常會先陳述一個情境或難題（問題意識的鋪陳），接著請同學舉手表達意見。他會先簡潔摘要、確認對方想法，接著詢問反方意見，再摘要、確認想法，最後再把問題轉向另一方。

「在教室中，我不堅持我講的每一件事都是正確的，我只是提供問題，知道有些學生會同意，有些不同意，我鼓勵他們說出來，在課堂上挑戰我、挑戰同學、甚至挑戰歷史上的哲學大師。的確，這需要放下某種程度的權威，但我並不以為意，因為我認為身為老師，就是應該啟發、鼓勵學生去批判思考，即使他們不同意我的意見，那都是學習的一部分。」桑德爾接受媒體訪問時說。

蘇格拉底式的對話法，被有系統地運用在法學院教育。韓劇《Law School》第一集的開場，一位刑法教授楊格拉底（教授姓楊，教學方式類似蘇格拉底的提問對話，就被學生稱為楊格拉底）一走進教室，就開始陳述一個法律情境，請同學根據判例與法條，討論自己的理解與根據。老師簡單地提出問題，學生卻如臨大敵，積極備戰。

這個畫面是法學院典型的教學方式。一八七〇年，哈佛法學院新院長藍道爾（Christopher C. Langdell）對當時的法律教育很不滿，因為學生接受填鴨式教育，背誦各種法規條文，又要理解極為抽象的法律概念。他提出了創新解方，找出某一個有代表性的法律情境，類似一個故事，藉由老師引導思考，深入檢視法律狀況，並讓學生討論其中的各種論點。

這是一種化被動為主動的教學方式。老師運用個案教學法，引導學生以各種不同的觀點來思考情境難題，這套方法產生很大迴響，改變當時的法律教育界，甚至也成為哈佛商學院知名的個案教學法，讓學生分組討論，思考企業家的決策，互相辯論激盪，找出在特定情境下最可行的方案。

「學生可以內化理論與實務的關連，可以培養『想』與解決問題的能力，也可以在不斷的互動與討論中，強化各種溝通能力（例如聆聽、表達、快速掌握書面資料中的重點），以及願意接納異議、又樂於分享的開放心態。」以個案教學聞名的管理學者司徒達賢，在《司徒達賢談個案教學》強調。

他的觀點，正是提醒教育界改變教學方式的核心問題。司徒達賢認為，互動式討論或運用個案，這種以實際問題為基礎的教學方法，不只能運用在管理學界，也值得其他領域的教師參考，可達到理論與實務結合，以及提升學生的思考與表達。

克服教學現場的挑戰

好的提問力教學，就像桌球熱身練習。老師發球讓學生練習，並運用不同球路、擊球位置，讓學生能精進各種角度與打法。老師又要配合學生的狀態，維持流暢的揮擊動作，增強學生打球信心。這是一種有效的對話模式，而非單向灌輸模式，能夠培養師生隨機應變的對答能力，雙方都能因此成長，讓思緒與表達更敏捷。

要完成這個任務，老師需要先克服四種教學現場的挑戰（參考圖15-1）。在這四個象限中，可以區分四種教學現場的挑戰。主要分成講話有無條理、抽象與具體之間的分界，老師根據這四象限的挑戰，運用提問力進行溝通引導。

第一個挑戰是第一象限的高談闊論。如果學生在課堂上喜歡發表意見，但內容空泛，或是愛用過於抽象的名詞，卻不求甚解（「我們要永續經營，維持創新精神……」）。這些話看似有道理，卻可能都是書本上的知識或概念，學生不一定真的理解。如果要讓他們願意深度思考、不流於空談，就請他們舉例說明，透過具體說明，才知道他的意思或理解程度，問答過程中，也能提醒他們還有很多不足之處，需要更積極投入學習。

第二個挑戰是第四象限的講話有條理，也有豐富深入的例子與細節，但缺乏提綱挈領的重點。有時學生有很多故事、經驗，但是容易陷入其中、缺乏想法的高度，老師的責任是引導他思考整體經驗的意義，有什麼心得或結論？讓學生可以反思這些經驗背後的意義，提升思考品質。

第三個挑戰是第二象限的講話空泛乾澀、缺乏重點，這個不全是學生本身的問題，有時候是他對這些主題沒興趣、或是沒有太多經驗與想法，為了有效對話，培養學生的答話感，要透過承轉力找出他有興趣的話題，讓他能侃侃而談。比方是運動、美食、旅行或是遊戲，從話題中找出跟課程主題有關的連結，引導他參與對話討論。

第四個挑戰是第三象限的講話無條理、細節太多且瑣碎。這個問題在於思考沒有重點，不自覺說了很多瑣碎複雜、不易理解的事情，

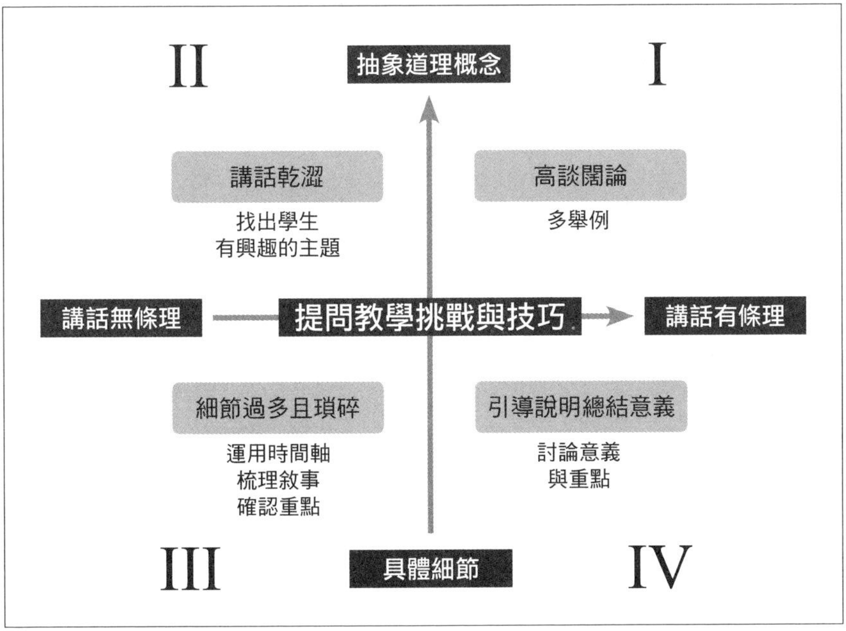

圖15-1：提問教學挑戰與技巧

老師需要協助他梳理重點。老師可以透過時間軸的方式，運用5W1H引導學生把事情整理清楚，釐清前因後果與脈絡，從中找到可以討論的重點，再跟他確認，進行更好的溝通。

透過老師的提問引導技巧，學生能夠體會司徒達賢所說的：「從不會的問到會，從會的問到不會。」這麼做可幫助學生進行邏輯思考，發現問題並不難，鼓勵他們對於學習更有信心；另一方面則是讓學生更謙虛、不要自滿，知道不足才會有學習方向。

問得愈多，學得愈好

此外，線上學習雖然是教育界的重要趨勢，是疫情變化下不可避免的學習管道，但是，教學方法在線上線下的差異，才是老師需要深思的重點。

二〇二一年疫情趨緩的下半年，花蓮縣政府為了改善偏鄉教育的落差，邀請我有系統地運用提問力，精進國中小老師的教學能力。最特別的一次經驗，就是到花蓮光復鄉富源國中，我先教全校五十位學生寫作力，學生先分為十組、各組都包含三個年級，練習互動討論。另外，全校老師與校長、加上其他學校的老師與縣府教育處主管，一共近二十位老師加入各組觀課，實地了解我的教學示範，以及學生的學習狀況，隔天我再帶這群觀課老師進行提問力教學課程。

課程結束後，學生出乎意料地踴躍提問。例如：他們會問我題目太抽象、不理解題目，該怎麼辦？不了解時事題，要如何構思內容？在時間限制下，萬一寫錯內容該如何調整？甚至問我，寫作跟作文有什麼差別？我們學生為什麼要學寫作？現場十多人提問，問答時間竟超過半小時。有一組學生寫下五個學習心得，其中第五點寫的是「學的很『爽』！」

針對這一點，我請學生具體說明。他們興奮地說：「這是第一次上課覺得不無聊，能夠全心投入、不會打瞌睡，不會害怕講錯話，而且學到寫作的技巧與觀念。」

隔天的教學提問課程討論，老師最好奇之處，在於平常這些學生都不太會表達想法，甚至很少問問題，昨天短短三小時，竟有截然不同的表現。我的答覆是：「透過提問讓他們思考、仔細聆聽發言，鼓勵勇於表達，只要引發學生的學習動機，就會增強他們的學習能力。」

半個月後，我又來到富源國中，針對老師開設教案設計工作坊。午餐休息時間，國文老師拿出好幾份批改過的學生作文，興奮地告訴我，學生上完我的寫作課的改變。首先是下筆的篇幅變長，以前只能寫四行的學生，現在大幅增加段落與內容；以前最多寫滿一頁稿紙的學生，現在可以寫一頁半。其次是寫作開始有想法。以前學生都是拼湊內容，現在文章有層次感，能夠表達自己的感受。第三是文句簡潔。有位學生頗有文采，但是文章稍嫌雜亂，現在懂得修飾精煉，讓文句精簡好讀。

我與七、八位參與課程的老師，圍在一起看桌上的五、六份作文，一邊聽著這位國文老師的點評，我的內心很激動。「透過提問引導連結學生的經驗，並激發學習的潛能，」

這是在教案設計工作坊結束後，老師歸納的學習心得。

「我們應該將教學活動中，可以經由文字閱讀、聽講、圖解、示範來傳達的部分，交由大型機構運用新的教學科技來負責，而教師則負責師生互動、實作指導、個案研究，這些近於『客製化指導』的教學工作。」《司徒達賢談個案教學》清楚說明老師的教學工作，在於提問互動式的引導。

不論是線上或線下形式，學校老師都需要站在學生的角度，運用提問引導的互動式教學，提升學生的思考與表達能力，老師才有真正的存在價值。

正如同知名簡報教練、也是教學技術教練，著有《教學的技術》的王永福（綽號福哥）的名言：「講得愈少，教得愈好。」我將這句話延伸為「講得愈少，問得愈多，討論愈豐富，學得愈好。」

教學的關鍵，仍是老師規劃課程時的問題意識。先思考「為什麼學生需要學習這堂課」，再將課程內容拆解成可以被提問討論的問題，而非是單向講述的內容，反而會讓學生主動思考、更能投入學習。「以前的教案就是一堆表格，填滿準備活動、發展活動和評量之類，沒有思考太多背後的原因，以及如何引發學生關心的理由。」我的教學提問力線上課程學員、同時也擔任我的隨堂助教的國中國文老師吳恩甄反思，我給老師們的教案格式非常簡單，就是先釐清問題意識，以及要引導學生思考的五個重要問題，「有了問題意識，也會引發老師的教學熱情。」

教學熱情需要有源源不絕的燃料，才能持續燃燒，提問力正是教學之火最好的燃料。

提問練習

如果你是一位教學工作者，或是想運用提問教學法帶領組織員工精進專業能力的主管，可以藉由想想以下幾個問題來規劃你的教學內容。

問題1：先思考脈絡緣起與問題意識，包括：學員為什麼要學這堂課？指定學習的知識或專業能力能夠解決什麼難題？這麼做除了釐清問題意識，也能向學員說明，吸引他們關心課程內容、增加學習動機。

問題2：請先構思，你希望學員在這堂課能記住、了解的三～五個重點（重點不宜過多，以免無法聚焦）？再回推課程內容如何幫助學員學到這些重點。

問題3：根據問題意識與學習重點，需要將講述內容轉化成引導思考的問題，請你準備三～五個引導學員思考、引發專注與好奇的問題。

延伸應用1：運用提問力做班級經營

班級經營有如組織管理，尤其青少年正是血氣方剛的叛逆期，該如何領導學生，建立良好溝通，是老師很大的挑戰。

我的工作坊學生林凱彥，他是國中老師、也是班導師，他的經驗很值得分享。由於要參與班際排球比賽，他內心很矛盾，因為比賽有輸有贏，獲勝時大家都開心，萬一輸球了，幾位好勝心強的同學，總會流下不甘心的淚水，讓他很心疼，甚至會有自以為是的同學會「抓戰犯」，挑起同學彼此的對立。

他想藉由比賽的過程，讓大家學習輸贏都是成長過程。他苦思該如何引導學生，他想列出五條注意事項，在比賽前一天的早自習對全班宣導。然而，他驚覺，這樣的指導心態可能無法打動學生。那麼，又該如何讓全班建立共識？他決定換位思考，把發言權還給學生，讓他們創造共識。

他在早自習先問大家一個問題：「今天如果你們是班導師，你會和你班上的同學提醒什麼？」

同學一臉茫然看著他。因為這個問題不夠清楚明確，學生不太能理解。他重新調整問題：「如果你是班導師，你會在『比賽前』、『比賽時』和『比賽後』，分別和同學們說些什麼？」

同學理解了。大家陸續舉手發言：「場上不要發呆」、「要記得笑」、「球發過就好」、「大力拍手」……

凱彥運用重點力，讓大家將發言的十三條建議寫在黑板上，再請同學將這十三條建議重新歸納成三個重點，並運用同心圓找出優先順序。這個過程老師也協助引導同學進行分類與歸納，得到結論：「最內圈是團隊要有快樂的氣氛，鼓勵不責備；接著是個人的心態輕鬆不隨便；最後則是在前面兩者的推動下，把自己最好的實力發揮出來。」

這個討論過程具有正向思考的效益。一來同學之間不會給彼此壓力，二來避免因為得失心造成後續衝突，最重要的，這是學生共同討論後的想法。

全班帶著這個正向士氣投入比賽。他們在場上不斷鼓勵彼此，一路過關斬將、殺進決賽，雖然只拿到亞軍，但同學們彼此打氣，化失敗為力量，約定好明年要復仇。

他運用正向提問力與重點力，培養學生換位思考與歸納重點，有效地建立共識。他認為這個從推力變拉力的過程，對班級經營有三個好處：

首先是讓學生換位思考。與其老師在台上口沫橫飛，學生在台下放空，不如讓學生轉換角色扮演來當班導師，用他們的角度說出對學生的提醒。

第二是讓學生練習歸納，當學生說出想法之後，要如何從一堆想法中歸納，透過分組練習，可以建立共清楚的共識，也培養邏輯思考的能力。

第三是讓學生有意識地行動，對自己負責。因為學生自發性的共識，凝聚了士氣，再來是自己說過的話自己負責，大家會彼此打氣、有意識地去實踐。

「看著孩子們享受比賽的表情，這一次我們雖然輸了比賽，卻贏回了成長，比賽是一時，而成長則是一輩子。」這是凱彥的心得。

延伸應用2：家庭成員的提問式溝通

父母親以為自己最有經驗，總是幫孩子解決各種問題。然而，無數教育學者都提醒父母，在現實生活中告訴孩子該怎麼做，反而降低他們主動思考、解決問題的能力。如何運用提問引導與傾聽增進親子溝通，是父母重要的教養功課。我想分享自己常用的幾個提問手法：

1. 每當孩子問問題，先不要否定或質疑，而是先回答：「這是個好問題，讓我想一下。」讓孩子認為問問題是值得被鼓勵肯定的事情。
2. 如果孩子問問題，不一定要急著回應，先回問他自己的想法，鼓勵他多想一想，刺激他主動思考，才能進行更多討論與對話。可以這麼問：「你認為呢，你有什麼看法，我很想知道。」
3. 如果孩子回答了，但是還可以再多想一想，引導他說更多、有更多細節，幫助他想更清楚。可以這麼問：「你的想法蠻好的，還有呢？再多告訴我一點。」

4. 練習幫助孩子抓重點、引導孩子說出結論，產生自己的看法。可以這麼回應與追問：「原來如此，你說得很棒，我也學到很多，我們剛剛討論這麼多，你認為最重要的是什麼？」

第十六章

主持人與訪談者的提問引導力

我常形容，自己的角色像是一位帶路人。我的工作項目之一是規劃在地旅行，擔任旅行帶路人；有時我幫民宿與餐廳設計菜單，有時我還要設計服務流程、發想餐點的介紹內容。

我還擔任另一種帶路人，那就是出席座談、演講活動，對聽眾表達我的看法。有時我只是當主持人，有時候則是與談人兼主持人。

我曾受邀參與一場南部舉辦的座談。那場活動安排我與另位講者輪流分享一小時，接著再進行半小時的交流座談。因為現場聽眾都是偏鄉的工作者，不太擅長表達，我一開始運用提問互動方式，鼓勵大家發言討論，炒熱了現場稍嫌冷淡的氣氛。第二位講者較為緊張，幾乎是看著簡報內容一字不漏地念完。

現場交流氣氛轉冷。此時進入半小時座談時間，主持人是一位學者，開始問大家有沒有問題要發問？現場一片沉默。

我發現主持人有兩個工作沒做到位。首先是沒有先回溯兩位講者先前的內容，幫大家提綱挈領地總結重點。第二是自己沒有以身作則問問題，刺激現場觀眾思考，引導後續可以發問的主題。

我很擔心這個情況會讓座談草草結束。我想拿起麥克風帶頭討論，卻怕搶了主持人的工作，讓他面子掛不住。

終於有人舉手發問。但是他似乎在表達自己的意見，沒有提出問題，主持人也沒有制止，更沒有引導他整理問題。因為他的發言過於冗長，其他聽眾開始竊竊私語，場面逐漸混亂。我發現如果不出手協助，座談現場就會失控，無法進行交流討論。我拿起麥克風問發言者，你的問題是什麼？建議他三十秒內說完問題，我們比較好回答。

這個發言提醒了發言者，讓他思索一下，把問題說清楚，我也藉機刺激現場，希望有更多思考與互動。第一位發問者的問題總算釐清，我們也順利回答，我也開始詢問現場聽眾，還有沒有問題想問，也許氣氛轉變了，第二位、第三位陸續舉手發問。主持人也回過神來，引導大家舉手發問。

活動結束後，許多位聽眾上前跟我交流，主持人也向我道謝。我說：「老師，下個月台北有一場論壇，你是發表人，我是主持人喔。」老師似乎嚇了一跳。

主持人最重要的任務

一個月後，我們角色交換。這是一家媒體承辦的政府活動，論壇開始前，我在現場討論活動流程，卻沒看到政府單位相關人員，只有工作人員忙裡忙外。

活動安排的第一個演講，就是這位老師上台發表。我擔任主持人，開場先為聽眾介紹他的學經歷與演講主題，接著準備主持問答時間。由於講者發表的內容比較學術，跟現場聽眾關聯不大，我一邊聽講，一邊勤做筆記，希望找到可以與聽眾連結的要點，再用紅筆標出可延伸提問的問題，另外寫在提問單上。發表快結束前，我再根據現場狀況與剩餘時間來機動調整、排序問題，除了幫聽眾提問，更鼓勵大家發問，增加互動討論，才不會造成冷場。

當天除了擔任演講主持人，我也參與了最後的圓桌論壇。現場連我在內總共五位來賓，除了三位返鄉青年，還包括了一位知名的品牌業者，但是在座談後的問答時間，聽眾都針對其他三位講者提問。我思考現場該如何調整，不能冷落來賓，讓主辦方尷尬失禮。

我主動對聽眾說，因為XX老師是今天很重要的來賓，大家不要放過這個難得的機會，接下來的問題，都只能問XX老師。

現場隨即有位聽眾提出了尖銳的問題。他說這個品牌的產品價格太高、不夠親民，業者該如何滿足民眾需求？我重新為大家轉換這個問題的陳述方式：「這個問題其實很重要，這也是XX老師過去曾面臨的挑戰，就是顧客定位的問題，他一定很有心得，我請他來回答。」藉由這個問題，這位品牌業者說明了他的轉型方式，如何強化國際市場的知名度。

活動結束後，這位品牌業者特別跟我握手交流，主辦方也特別出面感謝我讓座談很順利。他們觀察到我主持工作的效果，決定邀我幫他們做內部企劃力訓練，後來又展開了好幾場部門內不同主題的培訓。

從與談者變主持人的經驗，讓我能站在多重角度來思考。一位好的主持人就跟提問者的角色一樣，是綠葉而非鮮花，目的是讓講者、與談者激盪精彩對話，產生好故事、好觀點，讓聽者有好的收穫。由於講者、聽眾可能有不同反應，如何運用提問力去引導大家的思考與表達，在在考驗主持人聆聽、觀察與提問交互運用，隨機應變的功力。

Podcast對談凸顯提問的重要

當前的社交媒體興盛，各種觀點百花齊發，各種類型的專業工作者都成為有故事的人。也因而，針對時事或不同主題，自由分享個人意見的Podcast節目，愈來愈受到歡迎。然而，Podcast節目並不是主持人跟來賓，各自拿了麥克風亂聊瞎扯，就會產生好內容。主持人需要事先準備，寫出具有問題意識的提問訪綱，現場還要根據彼此的互動狀況與對談氣氛，彈性調整問題，挖掘出更多的好故事。這種新型態的對談與訪談，讓訪談與主持的能力愈來愈重要。

我接受過不少廣播節目和平面媒體的訪談，也聽過各種形式的訪談內容，我發現，有些主持人的提問方式需要加強。第一是自己一直講話、冷落受訪者，第二是主導性太強，沒有激發更有趣的觀點，第三是主持人的問題不清楚，導致受訪者表述不清，甚至不願意回答問題，讓場面很乾很冷。

另外，在對話過程中，主持人不只要激發好故事、好觀點，還有引導思辨、溝通與建立共識的任務。例如現在有各種公共議題的開放式會議，包括世界咖啡館、「公民式參與」會議或工作坊，都是各種不同立場、角色的人參與，參與人數少則十人、多則數十人，針對各種議題表達個人看法，希望透過溝通與整合，找到具體共識與結論，成為政府規劃與執行政策的參考。

然而我發現不少這種開放式討論的會議、或是工作坊，經常流於形式與口號，不是各說各話，沒有交集共識，就是沒有結論與具體執行方向。

關鍵是如何加強主持人的思考、表達、觀察與提問，以及貼近參與者需求、能接地氣的引導功力。

主持與訪談的事前準備

不管是一場好的座談、開放式討論的會議，或是Podcast訪談，主持人和活動規劃者都需要具有清楚的問題意識。這就需要參考、複習第二部討論問題意識的內容。

一般無論是民間、學術界或官方舉辦的座談活動，或開放式討論的會議，都屬於議題式的討論。這就是圖16-1左半部的第二與第三象限，包括針對外在現象與議題，探討帶來了哪些衝擊與影響，並就如何調整、復原與改善，提出解決方案；或者是討論現象與議題帶來的創新與改變，如何促使整體環境進步。

如果進行的是人物訪談、或是要促成一場有趣精彩的對話，就屬於圖16-1右半部，第一與第四象限人際溝通的問題意識。但因為想要獲得有趣、感人、克服挑戰的故事，從中提煉出發人深省的觀點，問題意識將偏向於第四象限的成長進步、創意創新的範圍。

因此，我們首先必須釐清主題，是屬於哪一個象限的主題，以此建立具體要達成的目標或成果，主持人就需要根據自己的目標、需求去設定問題意識。

第二，根據目標列出需要討論的問題，建立有觀點的問題組合。先思考整體的視野，這是關於誰的問題？接著是溝通對象、服務對象的視角，他們的需求是什麼？最後是視點，最關鍵的問題是什麼？

第三，檢視問題。從好問題四象限出發，提醒自己問題要聚焦、扣緊目標，同時提問時，問題要具體而明確，才能引導參與者、受訪者能夠侃侃而談。

第四，事先演練，如何問出好問題，反覆檢討問題是否符合好問題三原則。首先是3S原則，問題是否簡

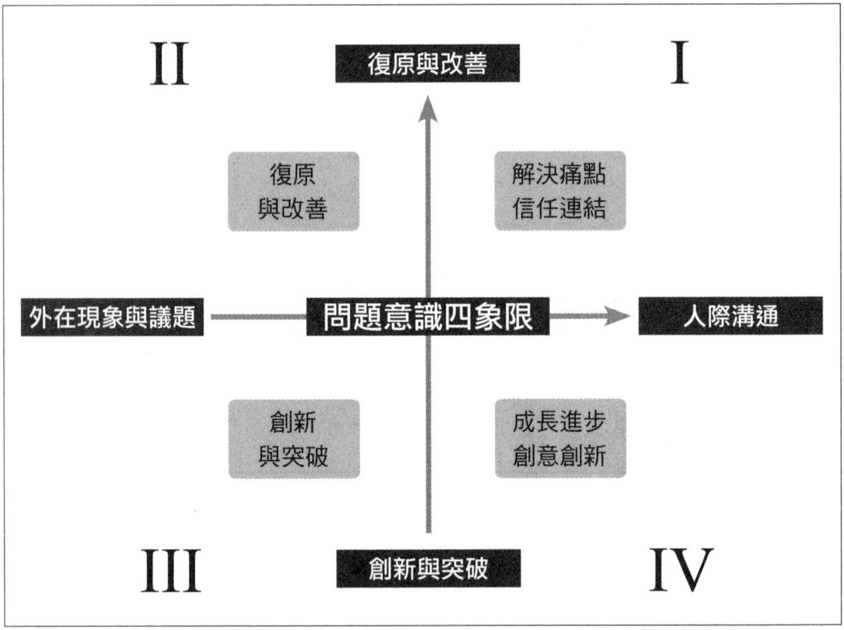

圖16-1：主持與訪談的問題意識四象限

單（Simple）、簡短（Short）與具體（Specific），讓人容易理解、記住且具體明確。其次是將大問題拆解成小問題，第三是將問題排序，由淺而深進行提問與討論。

主持與訪談現場的四大挑戰

除了做好事前準備工作，主持人或訪談人還要克服現場的四個挑戰，包括高談闊論型、內容乾澀型、細節瑣碎型與缺乏總結意義型。從圖16-2的四象限來看，類似上一章教學提問遇到的挑戰。雖然都是鼓勵對方多說話，但是目的不同，教學提問的目的是培養思考能力，主持訪談的目的則是製造好故事、豐富有趣的對話，以及啟發思考的觀點，因此提問引導方式仍有差異。

第一象限、也是第一種挑戰類型就是高談闊論、總是講大道理，卻沒有太多細節與故事的人，該如何引導他在回答時更具體、不要泛泛而論？唯一的方式，就是請他多舉例，舉自己發生的經驗、遇到哪些人事物，透過5W1H去引導他說出重點，再協助他把這些重點串起來，變成一個有具體人事時地物的例子，去印證他說的道理。

如果他根本說不清自己的經驗、無法舉出具有說服力、可信的例子，一個是他對這個主題不清楚，要趕緊換主題，找出其他比較能讓他發揮的問題，讓對話內容可以再豐富一點。另外就是他一知半解，只能在外圍一直繞，無法切入核心，那就是不適合的人選。

也有人習慣主導話題，不理會別人的問題，自說自話。面對這個不利形勢，主持人或訪談人可以刻意擺低姿態，讓他先侃侃而談，一旦察覺出現一個話題線頭、可以跟自己的問題相連時，要趕緊去掌握機會，把話題拉回來，順他談話之意，來建立自己的提問權。

第二象限的挑戰類型，在於對方講話很無趣、乾澀，問一個答一個，雙方沒有太多交集共識。主持人或訪談者需要事先收集資料，了解對方的興趣喜好，找出能與對方感知天線連接的話題，開啟他願意分享的話題。

如果無法事先收集太多對方感興趣的資料，或是對

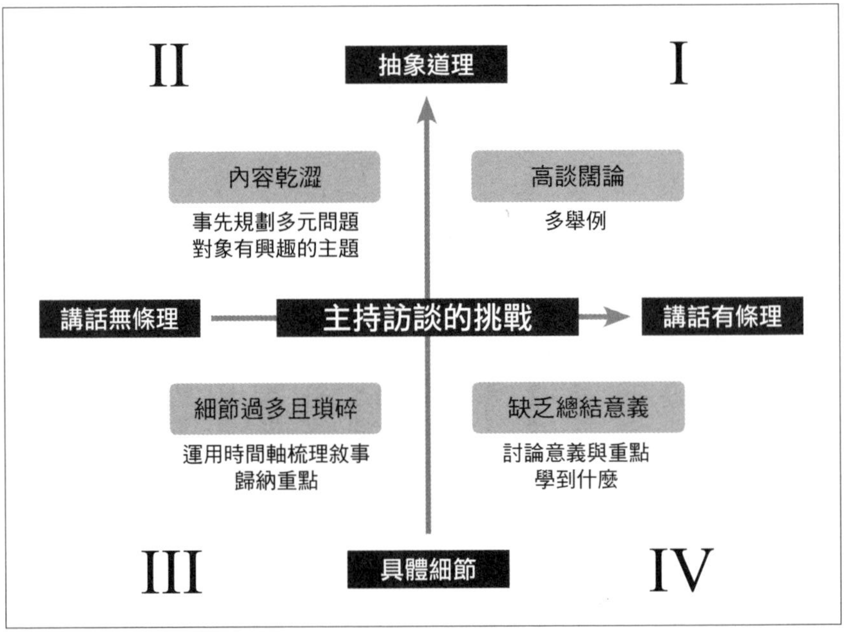

圖16-2：主持訪談的挑戰

方可能在陌生環境、陌生人面前比較緊張，在主持或訪談的現場，可以運用承轉力，多問他最近關心什麼事情，或是根據他身上穿著、包包、任何可以搭上話的線索，來建立連結關係。

第三象限的挑戰類型，則是對方說了非常多、但是沒有太多脈絡與前因後果，或是講了太多專業術語、行內話，主持人或訪談者並不了解，造成整體內容非常雜亂，沒有頭緒。這時候主持人或訪談人必須想辦法讓對方停下來，否則對方以為你很了解，就會繼續講下去，最後離設定的話題越來越遠，聽眾可能也搞迷糊了，甚至感到無趣、分心。

主持人或訪談者要釐清脈絡與順序，需要協助對方透過時間軸的順序，來整理過於發散的內容。使用5W1H先確認時間，在這個時間軸下，誰（當事人）在什麼地方，發生什麼事、原因與具體的行為、當時的感受，還有哪些人也參與？先一一釐清整理，再跟對方確認是否如此。

運用時間軸來提問的好處，在於讓當事人的思緒可以聚焦在當時的狀況。透過提問幫對方把想法、感受、經驗拉回到那個時空背景下，可以慢慢鋪陳他的情緒、一一闡述清楚，雙方一起重建當時的回憶與感受，這樣的暖身提問，可以把許多遺忘的、隱藏的故事、情緒給找回來。

第四象限的挑戰類型，是對方講話有條有理，故事豐富，該有的細節與例子也都俱全，主持人或訪談者似乎只是打開麥克風讓他暢所欲言，那主持人或訪談者還有什麼可發揮之處？

主持人或訪談者最大的利器，仍是提問力。透過聆聽捕捉故事背後隱藏的意義，再透過好提問，引導對方產生更深度的思考，讓這個故事展現意義。

我在公開課或培訓中教學員如何引導對方把故事說得精彩曲折、引人入勝，最後都會提出這樣一個問題：「回顧這個故事旅程、這個曲折的經驗，你最後學到什麼？」

這個提問，可以讓對方重新檢視這段經驗，以及對他最大的影響與啟發，也許能說出更不同的想法。

有時候，對方可能只說得出自己的經歷，沒有沉澱出太多發人深省的意義與道理。主持人可以從故事中歸納出幾個重點，跟他確認這些重點，並提出讓他反思的問題，比方這麼問：「你剛剛說的故事有團隊合作、也有個人突破，還有從現場挖掘真正問題，你認為哪一個是你的故事最想傳達的價值？」

訪談人物的四個角度

我常認為，精彩對話的關鍵，往往不是提問的技巧、也不是對方到底會不會說話、有沒有故事，而是提問者、訪談者和主持人有沒有好奇心，把關注點全心全意放在對方身上，仔細聆聽他說的每句話，以及該說卻沒說出來的話。那是一種態度與感受，如果夠專注用心，對方都能感受到你全心全意的關注。

這需要自我訓練與克制。因為我們很容易想表達意見、想凸顯自己的專業，以至於不斷說話，或是發問，卻忘了聆聽他人。只有專注聆聽，才能聽出關鍵轉折點、找到故事隱藏的線頭，再運用巧妙的提問，輕輕一推，讓故事更流暢地說出來。

我曾經到一個讀書節目上介紹我的作品。由於主持人的主導性較強，當我想說更多內容時，就被他下個問題打斷，反而沒能深入分享。現場觀眾有好幾位我的學生，他們告訴我：「怎麼感覺都是主持人在說話，你是受邀的來賓，反而講得很少。」

「對他人開放和保持好奇是一種心態。接納他人的觀點並給予體貼的回應，進而讓人願意敞開心胸侃侃而談，則是一種需要培養的技術。」《你都沒在聽》提醒，「傾聽需要覺察、專注，還有挖掘並理解雙方到底在溝通什麼的經驗。好聽眾並非與生俱來，而是後天養成。」

透過各種人物訪談，可以磨練提問力、聆聽力與故事力，更能夠打開自己的視野，激發非常多觀點。這是我一直以來習慣且喜愛的方式，沒有太多目的，就是透過聽故事去理解不同人、不同觀點。大量多元的訪談，幫助我更有同理心，想法更有彈性，觀點也不會被侷限。

我當了十二年的記者，大部分時間都是採訪知名企業家、成功人士，或是擁有精彩經歷的人物。一直到我離開媒體工作，大量接觸形形色色的人物，我才真正體悟到，平凡的人也有非凡的故事，非凡的人物，也有平凡動人的小故事，不一定都是衝鋒陷陣的成功典範。

我們如果訪談或採訪的是非凡的大人物，就屬於圖16-3的第一、第二象限。擬定訪談問題時，一定要切入對方有興趣、願意侃侃而談的主題。通常有兩種切入主題，一個是他津津樂道的成就與榮耀，另一個則是他日常生活的點點滴滴。重要成就通常都是經過奮鬥努力而來，要能問出他經歷過的挑戰，以及發生哪些轉折、他如何克服的過程。如果談日常生活的喜好，要請他聊聊喜歡的嗜好、興趣、休閒生活、收集的物品，藉由很具體的事物來談他的感受，要請他深入描述小細節。

如果訪談對象是一般人，他們可能是專業工作者、農人、勞動者、菜商、

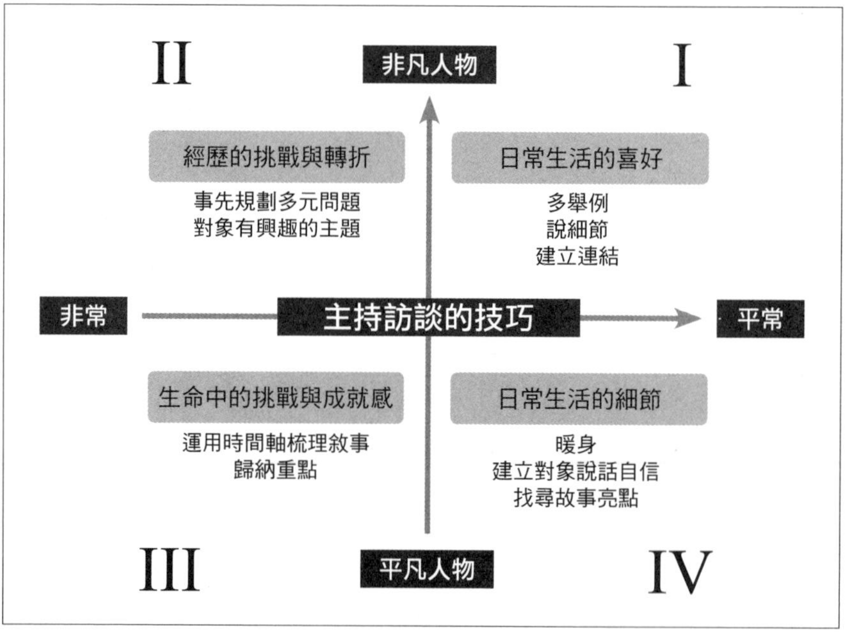

圖16-3：主持訪談的技巧

小吃店老闆等，他們各自仍有非常的經歷。多數人並不擅長言語表達，也很少接受正正經經的提問，認真思考與回答，所以我們需要透過時間軸，幫助他們整理爬梳，找出生命當中經歷過的挑戰，最自豪、最有成就感的事情。還有一種方向，是請他們談談日常生活的細節，包括工作的細節、流程；除此之外，請他們分享自己熟悉的事物，也是一種暖身，可以增加他們的答話度與信任感，從中找到故事線頭與亮點，再多加追問，找到平凡人事的溫暖，也能引發共鳴。

比方我聽過一集Podcast訪談，節目邀請到一位退休教授談談他出版的小說。雖然訪談過程主持人和教授有不少互動，談話內容也算豐富，但是我聽起來總覺得少了一點激情、或是興奮的情緒。

直到主持人問到他的嗜好是打麻將，退休教授一聊起麻將，話匣子大開。他提到自己一定要賭錢，因為這種玩法不是大好就是大壞，過程才會有趣。他也坦承自己愛喝酒，「這是我個性的寫照，一不小心就變成酒鬼、一不小心就變成賭鬼，但我內在有足夠的理性，這些都能控制，不然我早就沒用了。」

我聽到更有趣的故事線頭。包括「賭鬼」、「理性的控制」與「沒用」，這些都是帶有強烈情緒與感受的字眼，都值得深掘下去。我相信，這些關鍵字可能又會引出更多不為人知，更精采的故事與觀點。可惜主持人繼續提問的，仍是教授日常與朋友的相處，和他的創作。

訪談者需要具備好奇心與聆聽力，才能聽出有故事的關鍵字。一位好的帶路人，不僅引領大家走入他人的世界，也走入帶路人自己內心深處的世界，去豐富、創造自己的視野，以及敏銳又貼心的臨場反應。

提問練習

提問並不是新聞記者獨有的技能。公司內部會議主持者，各種活動、論壇與Podcast主持人，在各處從事田野調查的文化工作者，想瞭解消費者需求的行銷人員，都需要提升提問引導的專業。這章最末提到的例子，退休教授提到「酒鬼」、「賭鬼」、「理性的控制」與「沒用」，請你以這幾個關鍵字練習追問，讓對方能夠多加說明。

問題1：退休教授提到自己的個性容易變成「酒鬼」、「賭鬼」，這兩個關鍵字都有很強烈的情緒，請問你會如何追問，會問什麼問題？

問題2：退休教授也提到「我內在有足夠的理性」，顯示他有刻意控制酒與賭的嗜好，你會針對這個說法提出什麼問題？

問題3：退休教授最後冒出一句話：「不然我早就沒用了。」你認為他這句話的意思是什麼？你會追問他什麼問題？

結語　提問力，一把融化冰封內心的破冰斧

二〇二一年，隨著疫情打亂日常生活，我的提問力工作坊也從實體課走向雲端。我與Hahow合作，推出線上影音課程「提問式職場領導力——專業提問者從你開始」，另外也針對學校教師推出線上互動、小班制的教學提問力課程。

當疫情來襲，我們以往溝通的型態受到挑戰、甚至被破壞，從生活到工作都需要重建與適應。在社交距離的限制下，我們更需要透過精確的提問與溝通，建立更好的對話，找到核心問題、解決重要問題。

然而，不論是透過線上互動，還是面對面的實體溝通，提問的本質不會改變。為什麼提問容易被我們忽略？因為我們天性不喜歡不確定性，更渴望答案，卻忘了問題本身有沒有問題？甚至可能窄化問題方向，以致得到被扭曲的答案。

例如，學校、社會與各種組織企業都強調解決問題的能力，卻忽略定義問題的能力。我們很少討論，「真正的問題是什麼」、「什麼問題該被解決」、「該如何找到真正的問

題？」在倡導解決問題之前，我們應該更有系統地運用提問力，去聆聽、引導，溝通與整合，才能找到真正核心的問題，甚至重新定義問題，讓解決問題的行動發揮更大效益。

甚至，有時候了解問題比解決問題更重要。我們只要轉換角度思考，問題不一定是問題。「所有解方都能解決某些問題，卻無法解決一切問題。最好是能從各式各樣的角度觀看世界。」《真確》一書強調。

捷克文學家卡夫卡曾提到，他渴求這樣的書：「書必須是用來鑿開我們內心冰海的破冰斧。」面對不確定的未來，一個好的提問，不也是試圖鑿開、甚至融化我們冰封內心與思考的溫柔破冰斧，提醒我們：要抱持更寬廣多元的觀點、更謙虛的溝通，以及探索未來的開放態度。

讓我們先回到二千五百多年前，西方歷史之父希羅多德（Herodotus）撰寫的《歷史》，這正是一把認識過去、找到未來的破冰斧。這本書比司馬遷的《史記》還早了五百多年，探討主題非常豐富，從地域、民族、邦國、信仰到日常生活風俗，還有疾病、天災與動植物生態，不只講歷史，更是一個豐富的昨日世界。

我不是要去了解西方歷史，而是談書名「歷史」的時代意義。它的希臘文「historein」，是追根究柢、探問考察的意思。在希臘與波斯爭戰的時代，希羅多德想知道國家之間為什麼會爆發戰爭？為什麼有些國家強大，另一些國家卻走向衰亡？由於資料有限，他必須透過旅行遊歷，去希臘、愛琴海島嶼、波斯、巴比倫，甚至是黑海西岸，去現場觀察、訪談與聆聽，才能找到蛛絲馬跡，滿足他想知道的疑問。

知名的波蘭記者瑞薩德．卡普欽斯基（Ryszard Kapuscinski）在《帶著希羅多德去旅行》一書，描述希羅多德的態度與方法，正是一步一腳印的求索，以及面對面的言語交談：「在希羅多德的思想世界裡，個人，才是真實的記憶寶庫。若想查明被記憶下來的事，就必須與那個個人取得聯繫。如果他住在遠方，就必須遠行，去找到他。最後終於見到他時，必須坐下來，聆聽他說話——聆聽、並記憶起來，或許也做筆記。」

面對複雜的世界，這是一種回到原點去瞭解事物本質的精神。在冷靜與熱情之間，我們需要放下自我的本位主義，站在他人角度感受與思考，勇於發問，謙卑聆聽，希望達到更深度的理解，更開放的探索。

在今日這個更為混沌複雜的世界，我們更需要「historein」的追根究柢、探問考察的態度，進行跨領域的整合思維，才能掌握問題的核心本質。現在大學日益重視的博雅教育（liberal arts，或稱為通識教育）、甚至是一〇八課綱強調的素養教育，都是奠基在這種人文素養下，來培養學生「知行合一」的態度與能力。

即使不是要解決外在世界的大哉問、大挑戰，拉回到我們的個人層次，無論外在環境如何改變，工作、生活與社交的本質不會改變。我們都渴望被瞭解，希望過更好的人生，更好的社交，追求工作的意義與成就感。

我們更需要主動去理解他人，方能建立正向的互動循環。因此，透過提問與聆聽，從他人經驗裡開礦，了解深層的需求與期待、痛點與無奈，才能進行更好的溝通與對話，提出更適切的創新與作為。

義大利文學家卡爾維諾在《看不見的城市》，藉由忽必烈與馬可波羅的對話提醒我們：「主控故事的不是聲音，而是耳朵。」

每個人的一字一句，皆舉足輕重，每個人的經驗，都彌足珍貴。讓我們傾身向前，謙遜地提問，認真地聆聽，一個飽滿豐富的世界大門，將會為我們開啟。

參考書目

前言

《決定未來的10種人：10種創新，10個未來／你屬於哪一種？》（*The Ten Faces of Innovation*），湯姆・凱利（Tom Kelley）著，大塊文化，二〇〇八年，已絕版。

《你會問問題嗎？問對問題比回答問題更重要！從正確發問、找出答案到形成策略，百位成功企業家教你如何精準提問，帶出學習型高成長團隊》（*Leading with Questions: How Leaders Find the Right Solutions by Knowing What to Ask*），麥克・馬奎德（Michael J. Marquardt）著。臉譜，二〇一〇年。

《Deep Work深度工作力：淺薄時代，個人成功的關鍵能力》（*Deep Work: Rules for Focused Success in a Distracted World*），卡爾・紐波特（Cal Newport）著。時報出版，二〇一七年。

第一章

《如何說，如何聽》（*How to speak, How to listen*），莫提默・艾德勒（Mortimer J. Adler）著。木馬文化，二〇一八年。

《反叛，改變世界的力量：華頓商學院最啟發人心的一堂課2》（*Originals: How Non-Conformists Move the World*），亞當・格蘭特（Adam Grant）著。平安文化，二〇一六年。

第二章

《大哉問時代：未來最需要的人才，得會問問題，而不是準備答案》（*A More Beautiful Question: The Power of Inquiry to Spark Breakthrough Ideas*）。華倫・伯格（Warren Berger）著。大是文化，二〇一四年，已絕版。

《好問：化異見為助力的關鍵說服力》（*Doesn't Hurt to Ask: Using the Power of Questions to Communicate, Connect, and Persuade*），特雷・高迪（Trey Gowdy）著。堡壘文化，二〇二一年。

《精準寫作：寫作力就是思考力！精鍊思考的20堂課，專題報告、簡報資料、企劃、文案都能精準表達》，洪震宇著。漫遊者文化，二〇二〇年。

《風土創業學：地方創生的25堂商業模式課》，洪震宇著。遠流，二〇二一年。

《報導的技藝：《華爾街日報》首席主筆教你寫出兼具縱深與情感，引發高關注度的優質報導》（*The Art and Craft of Feature Writing: Based on The Wall Street Journal Guide*），威廉・布隆代爾著（William E. Blundell）。臉譜，二〇一七年。

第五章

《情緒賽局：揭開決策背後的情緒機制，8位諾貝爾經濟學獎得主盛讚，提高人生勝率的23項贏家邏輯》（*Feeling Smart: Why Our Emotions Are More Rational Than We Think*），艾雅爾・溫特（Eyal Winter）著。大牌出版，二〇一九年。

《快思慢想》（*Thinking, Fast and Slow*），丹尼爾・康納曼（Daniel Kahneman）著。天下文化，二〇一八年。

《象與騎象人：全球百大思想家的正向心理學經典》（*The Happiness Hypothesis: Finding Modern Truth in Ancient Wisdom*），海德特（Jonathan Haidt）著。究竟，二〇二〇年。

《學會改變：戒除壞習慣、實現目標、影響他人的9大關鍵策略》（*Switch：How to Change Things When Change is Hard*），丹・希思、奇普・希思著（Chip Heath, Dan Heath）。樂金文化，二〇一九年。

《薩提爾成長模式的應用》（*Applications of the Satir Growth Model*），約翰・貝曼（John Banmen）著。心靈工坊，二〇〇八年。

《薩提爾教練模式：學會了，就能激發員工潛力，讓部屬自己找答案！》，陳茂雄、林文琇著。天下雜誌，二〇二〇年。

第八章

《風土經濟學：地方創生的21堂風土設計課》，洪震宇著。遠流，二〇一九年。

《大腦的鏡像學習法：鏡像模仿決定我們的為人與命運》（*Mirror Thinking*），菲歐娜・默登（Fiona Murden）著。遠流，二〇二一年。

《我想好好理解你：發揮神經科學的七個關鍵，你的同理也可以很走心》（*The Empathy Effect: Seven Neuroscience-Based Keys for Transforming the Way We Live, Love, Work, and Connect Across Differences*），海倫・萊斯（Helen Riess）著。時報出版，二〇二〇年。

第九章

《QBQ！問題背後的問題》（*QBQ! The Question Behind The Question*），約翰・米勒（John G. Miller）著。遠流，二〇一八年。

《鏡與窗談判課：哥大教授、聯合國談判專家，教你用10個問題談成任何事》（*Ask for More：10 Questions to Negotiate Anything*），愛麗珊德拉・卡特（Alexandra Carter）著。先覺，二〇二〇年。

《說理Ｉ：任何場合都能展現智慧、達成說服的語言技術》（*Thank You for Arguing: What Aristotle,*

Lincoln, and Homer Simpson Can Teach Us About the Art of Persuasion），傑伊・海因里希斯（Jay Heinrichs）著，天下雜誌，二〇一八年。

《當我遇見一個人：薩提爾精選集1963-1983》（*In Her Own Words. Virginia Satir: Selected Papers 1963-1983*），約翰・貝曼（John Banmen）著。心靈工坊，二〇一九年。

第十章

《開放對話，期待對話：尊重他者當下的他異性》（*Open Dialogues and Anticipations: Respecting Otherness in the Present Moment*），亞科・賽科羅（Jaakko Seikkula）、湯姆・艾瑞克・昂吉爾（Tom Erik Arnkil）著。心靈工坊，二〇一六年。

《你都沒在聽：科技讓交談愈來愈容易，人卻愈來愈不會聆聽。聆聽不但給別人慰藉，也給自己出路》（*You're Not Listening: What You're Missing and Why it Matters*），凱特・墨菲（Kate Murphy）著。大塊文化，二〇二〇年。

《司徒達賢談個案教學：聽說讀想的修鍊》，司徒達賢著。天下文化，二〇一五年。

第十二章

《第二曲線：社會再造的新思維》（*The Second Curve: Thoughts on Reinventing Society*），韓第（Charles Handy）著，天下文化，二〇二〇年。

《創新者的ＤＮＡ：五個技巧，簡單學創新》（*The innovator's DNA: mastering the five skills of disruptive innovators*），傑夫・戴爾，克雷頓・克里斯汀生，海爾・葛瑞格森（Clayton M.

Christensen, Jeff Dyer, Hal Gregersen）著。天下雜誌，二〇一七年。
《機會效應：掌握人生轉折點，察覺成功之路的偶然與必然》，洪震宇著。時報，二〇一八年。
《造局者：思考框架的威力》（*Framers: Human Advantage in an Age of Technology and Turmoil*），庫基耶、德菲爾利科德、麥爾荀伯格（Kenneth Cukier, Viktor Mayer-Schönberger, Francis de Véricourt）著。天下文化，二〇二一年。
《十倍速時代》（*Only the Paranoid Survive: How to Exploit the Crisis Points That Challenge Every Company*），安迪・葛洛夫（Andrew S. Grove）著。大塊文化，二〇一七年。

第十三章

《教練：價值兆元的管理課，賈伯斯、佩吉、皮查不公開教練的高績效團隊心法》（*Trillion Dollar Coach: The Leadership Playbook of Silicon Valley's Bill Campbell*），亞倫・伊格爾、強納森・羅森柏格、艾力克・施密特（Eric Schmidt, Jonathan Rosenberg, Alan Eagle）著。天下雜誌，二〇二〇年。
《動機，單純的力量：把工作做得像投入嗜好一樣，有最單純的動機，才有最棒的表現》（*Drive: The Surprising Truth About What Motivates Us*），丹尼爾・品克（Daniel H. Pink）著。大塊文化，二〇一〇年，已絕版。
《葛洛夫給經理人的第一課：從煮蛋、賣咖啡的早餐店談高效能管理之道》（*High Output Management*），安德魯・葛洛夫（Andrew S. Grove）著。遠流，二〇一九年。
《第五項修練：學習型組織的藝術與實務》（*The Fifth Discipline: The Art and Practice of The Learning Organization*），彼得・聖吉（Peter M. Senge）著。天下文化，二〇一九年。

第十四章

《未來在等待的銷售人才》（*To Sell is Human: The Surprising Truth about Moving Others*），丹尼爾・品克（Daniel Pink）著。大塊文化，二〇一三年。

《如何改變一個人：華頓商學院教你消除抗拒心理，從心擁抱改變》（*The Catalyst: How to Change Anyone's Mind*），約拿・博格（Jonah Berger）著。時報出版，二〇二一年。

《診療室裡的福爾摩斯：解開病歷表外的身體密碼》（*Every Patient Tells a Story: Medical Mysteries and the Art of Diagnosis*），麗莎・山德斯（Lisa Sanders）著。天下文化，二〇一〇年，已絕版。

《6個問題，竟能說服各種人》（*Instant Influence: How to Get Anyone to Do Anything–Fast*），麥可・潘德隆（Michael V. Pantalon）著。先覺出版，二〇一二年，已絕版。

第十五章

《學生為什麼不喜歡上學？：認知心理學家解開大腦學習的運作結構，原來大腦喜歡這樣學》（*Why Don't Students Like School?: A Cognitive Scientist Answers Questions About How the Mind Works and What It Means for the Classroom*），丹尼爾・威靈漢（Daniel T. Willingham）著。久石文化，二〇一八年。

《大腦如何精準學習》（*How We Learn Why Brains Learn Better Than Any Machine... for Now*），史坦尼斯勒斯・狄漢（Stanislas Dehaene）著。遠流，二〇二〇年。

《教學的技術》，王永福著。商周出版，二〇一九年。

結語

《真確：扭轉十大直覺偏誤，發現事情比你想的美好》（*FACTFULNESS：Ten Reasons We're Wrong About the World--and Why Things Are Better Than You Think*）漢斯・羅斯林（Hans Rosling）、奧拉・羅斯林（Ola Rosling）、安娜・羅朗德（Anna Rosling Rönnlund）著。先覺，二〇一八年。

《帶著希羅多德去旅行》（*Travel with Herodotus*），瑞薩德・卡普欽斯基（Ryszard Kapuscinski）著，允晨，二〇〇九年。

精準提問

找到問題解方、培養創意思維、發揮專業影響力的 16 個提問心法

作　　者　洪震宇
美術設計　許紘維
內頁構成　高巧怡、藍天圖物宣字社
行銷企劃　蕭浩仰、江紫涓
行銷統籌　駱漢琦
業務發行　邱紹溢
營運顧問　郭其彬
責任編輯　張貝雯
總 編 輯　李亞南
出　　版　漫遊者文化事業股份有限公司
地　　址　台北市103大同區重慶北路二段88號2樓之6
電　　話　(02) 2715-2022
傳　　真　(02) 2715-2021
服務信箱　service@azothbooks.com
網路書店　www.azothbooks.com
臉　　書　www.facebook.com/azothbooks.read
發　　行　大雁出版基地
地　　址　新北市231新店區北新路三段207-3號5樓
電　　話　(02) 8913-1005
訂單傳真　(02) 8913-1056
初版十刷(1)　2024年9月
定　　價　台幣380元

ISBN　978-986-489-591-5

國家圖書館出版品預行編目 (CIP) 資料

精準提問：找到問題解方、培養創意思維、發揮專業影響力的16 個提問心法／洪震宇著 .一初版 .一台北市：漫遊者文化出版 ：大雁文化發行 , 2022.03
272 面 ; 21×14.8 公分
ISBN 978-986-489591-5（平裝）
1. CST：職場成功法　2. CST：溝通技巧
494.35　　111001237